DAS ÖSTERREICHISCHE LEBENSMITTELBUCH
CODEX ALIMENTARIUS AUSTRIACUS

II. Auflage

Herausgegeben vom Bundesministerium für soziale Verwaltung,
Volksgesundheitsamt, im Einvernehmen mit der Kommission zur
Herausgabe des Codex alimentarius Austriacus

Vorsitzender: o. ö. Prof. Dr. Franz Zaribnicky

XXXIX.-XLI. HEFT

TRAUBENMOST
REFERENT: HOFRAT ING. AUGUST FÜGER

WEIN
REFERENT: HOFRAT ING. AUGUST FÜGER

OBSTWEIN
REFERENT: HOFRAT ING. AUGUST FÜGER

SPRINGER-VERLAG WIEN GMBH 1933

ISBN 978-3-662-40538-3   ISBN 978-3-662-41017-2 (eBook)
DOI 10.1007/978-3-662-41017-2

Ausgegeben im Oktober 1933

DAS ÖSTERREICHISCHE LEBENSMITTELBUCH
CODEX ALIMENTARIUS AUSTRIACUS
II. Auflage

Herausgegeben vom Bundesministerium für soziale Verwaltung, Volksgesundheitsamt, im Einvernehmen mit der Kommission zur Herausgabe des österreichischen Lebensmittelbuches

Vorsitzender: o. ö. Professor Dr. Franz Zaribnicky

XXXIX.

Traubenmost

Referent: Hofrat Ing. *August Füger*
(Landw.-chem. Bundes-Versuchsanstalt, Wien)

Die Grundsätze, die für den Verkehr mit Traubenmost, Wein und Obstwein aus dem Gesichtspunkte der Lebensmittelkontrolle maßgebend sind, ergeben sich hauptsächlich aus zweierlei Rechtsquellen, und zwar einerseits aus dem Lebensmittelgesetze und anderseits aus dem Weingesetze. Diese beiden Rechtsquellen ergänzen einander, indem das Lebensmittelgesetz die allgemeinen Normen über den Lebensmittelverkehr aufstellt, denen auch der Traubenmost, Wein und Obstwein unterliegen, das Weingesetz aber die Spezialvorschriften (insbesondere über die Zulässigkeit von Verfahrensarten, Verschnitten und Zusätzen, ferner darüber, welche Traubenmoste, Weine und Obstweine nach diesem Gesetz als verfälscht anzusehen sind, über Verkehrsverbote, vorgeschriebene Bezeichnungen u. a. m.) enthält.

Daneben wird die Bezeichnung von Weinen auch noch durch andere Vorschriften geregelt. Diese Vorschriften wurden teils zur Durchführung von Staatsverträgen (insbesondere des Staatsvertrages von Saint Germain en Laye) erlassen, teils beruhen sie auf dem Gesetze gegen den unlauteren Wettbewerb, teils auf dem Lebensmittelgesetze und auf dem Weingesetze. Wiewohl diese Bezeichnungsvorschriften dem unmittelbaren Zweck des Lebensmittelbuches fernliegen, werden sie wegen ihrer Bedeutung für den Handel, ebenso wie die Kundmachungen über das Verzeichnis der medikamentösen Weine, beigefügt.

Demnach kommen folgende Rechtsnormen in Betracht:

A. 1. Das Gesetz vom 16. Jänner 1896, RGBl. Nr. 89 vom Jahre 1897 (Lebensmittelgesetz);

2. die Ministerialverordnung vom 10. August 1892, RGBl. Nr. 134, ergänzt durch die Ministerialverordnung vom 25. August 1895, RGBl.

Nr. 136, betreffend das Verbot der Einfuhr von mit Teerfarbstoffen gefärbten Weinen;

3. die Ministerialverordnung vom 13. Oktober 1897, RGBl. Nr. 235, womit Bestimmungen über die Erzeugung oder Zurichtung von Eß- und Trinkgeschirren und Geräten, die zur Aufbewahrung von Lebensmitteln oder zur Verwendung bei diesen bestimmt sind, sowie über den Verkehr mit denselben erlassen wurden;

4. die Ministerialverordnung vom 17. Juli 1906, RGBl. Nr. 142, über die Verwendung von Farben und gesundheitsschädlichen Stoffen bei Erzeugung von Lebensmitteln (Nahrungs- und Genußmitteln) und Gebrauchsgegenständen sowie über den Verkehr mit derart hergestellten Lebensmitteln und Gebrauchsgegenständen;

5. die Ministerialverordnung vom 10. November 1928, BGBl. Nr. 321, womit die unter 3. und 4. genannten Verordnungen abgeändert und ergänzt wurden;

B. 6. das Weingesetz in der mit der Ministerialverordnung vom 27. September 1929, BGBl. Nr. 328, wiederverlautbarten Fassung („Weingesetz 1929");

7. die Ministerialverordnung vom 29. Dezember 1925, BGBl. Nr. 15 vom Jahre 1926, betreffend die Anzeige der Erzeugung von Tresterwein, Hefewein und Obsthefewein;

8. die Ministerialverordnung vom 25. Juli 1927, BGBl. Nr. 232, womit die Bezeichnung der Fässer und ähnlicher Aufbewahrungsgefäße nach § 32 des Weingesetzes geregelt wird;

9. die Ministerialverordnung vom 12. März 1928, BGBl. Nr. 75, über das Schönen von Wein und Obstwein mit gelbem Blutlaugensalz;

C. 10. die Ministerialverordnung vom 5. September 1899, RGBl. Nr. 182, betreffend die Bezeichnung der Malz-(Malton-)weine;

11. das Bundesgesetz vom 19. Dezember 1922, BGBl. Nr. 928, betreffend die Durchführung von zwischenstaatlichen Vereinbarungen über Herkunftsbezeichnungen und betreffend die Regelung von Gattungsbezeichnungen für Schaumweine und gebrannte geistige Getränke;

12. die Ministerialverordnung vom 26. Februar 1923, BGBl. Nr. 108, über französische Herkunftsbezeichnungen für Weine und gebrannte geistige Getränke (die den Schaumwein betreffenden §§ 2 und 3 sind gemäß § 41, Absatz 2 des Weingesetzes außer Kraft getreten; vgl. die Verordnung unter Nr. 15);

13. die Ministerialverordnung vom 27. Juli 1923, BGBl. Nr. 468, über portugiesische Herkunftsbezeichnung für Weine;

14. die Ministerialverordnung vom 14. Jänner 1930, BGBl. Nr. 29, über die Bezeichnung von Schaumwein;

15. die Ministerialverordnungen vom 12. Juni, 23. Juli und 13. August 1930, BGBl. Nr. 188, 248 und 266, vom 5. Mai 1931, BGBl. Nr. 133 und vom 22. Juni 1933, BGBl. Nr. 259, über die Verwendung

geographischer Bezeichnungen zur Kennzeichnung der Herkunft von Wein und Traubenmost;

D. 16. die Kundmachungen vom 8. Juni 1923, BGBl. Nr. 355, und vom 12. März 1924, BGBl. Nr. 100, betreffend das Verzeichnis jener pharmazeutischen Zubereitungen, welche als medikamentöse Weine erklärt werden.

1. Beschreibung

Unter „Traubenmost" oder „Weinmost" versteht man den aus zerquetschten oder zerstampften frischen Weintrauben (Traubenmaische) gewonnenen Saft, von dessen Zuckergehalt mindestens ein Drittel noch nicht alkoholisch vergoren ist. Sind von dessen ursprünglichem Zuckergehalte mehr als zwei Drittel vergoren, so muß er im Sinne des Weingesetzes als Wein beurteilt werden.[1]) Traubenmost stellt eine Flüssigkeit von eigentümlichem, aromatischem Geruch und säuerlich süßem Geschmack dar. Stark gärender Most wird mitunter auch als „Sturm" bezeichnet. Der unvergorene Traubenmost enthält im wesentlichen folgende Bestandteile: Wasser, Trauben- und Fruchtzucker, Weinsäure und Äpfelsäure, Salze dieser Säuren, Gerbsäure, stickstoffhaltige Stoffe, Gummi, Pektinstoffe, Farbstoffe und Mineralstoffe wie Kalium, Natrium, Kalzium, Magnesium, Eisen, Aluminium, und zwar in der Asche als Salze der Kohlensäure, Phosphorsäure, Schwefelsäure, Salzsäure und Kieselsäure, manchmal auch Manganverbindungen, Spuren von Borsäure und von der Schädlingsbekämpfung herrührende Spuren von Arsen und geringe Mengen von Kupfer.

Normaler Traubenmost ist der aus gesunden, ausgereiften Trauben hergestellte Saft; er enthält die oben genannten Bestandteile in Mengen, die je nach der Traubensorte, der Lage des Weingartens, der Bodenart und den klimatischen Verhältnissen Schwankungen unterworfen sind.

Anormaler Traubenmost stammt von Trauben, die sich entweder infolge der Einwirkung von Pilzen, Insekten oder besonders ungünstigen Witterungsverhältnissen wenig entwickelt haben, oder von solchen, die noch nicht ausgereift sind.

Erlaubte Verfahrensarten und Zusätze sind nach dem „Weingesetz 1929" insbesondere folgende:

1. Alle rein mechanischen Behandlungen und Hantierungen, wie das Abziehen, Umfüllen, Filtrieren und Lüften;

2. das Schönen[2]) mit den gesetzlich erlaubten Schönungsmitteln,

---

[1]) „Mistellas" sind keine Traubenmoste, sondern Süßweine im Sinne des Weingesetzes (s. Heft XL, S. 21).

[2]) Bezüglich der zulässigen Art und Weise der Anwendung der wichtigsten dieser Schönungsmittel sei folgendes angeführt: Zur Gelatineschönung darf nur reine Gelatine verwendet werden, die 24 Stunden vor dem Gebrauch in Wasser zum Quellen gebracht wird und dann in lauwarmem Wein gelöst zur Schönung Verwendung findet. Hausenblase

wie: Gelatine, das heißt reinem, hellem Leim, dessen wäßrige Lösung keinen unangenehmen Geruch oder Geschmack aufweisen darf, mit Hausenblase, Hühnerei- und Blutalbumin, frischem Blut und frischer Milch gesunder Tiere, technisch reinen Albumin- und Kaseinpräparaten, Klärerden, Kaolin, Tannin und Rebkernextrakt (ein Verfahren, das bei Most nur ausnahmsweise Anwendung findet);

3. das **Verschneiden** (Vermischen) verschiedener Traubenmoste miteinander oder mit Traubenmaische;

4. das **Entsäuern** mit reinem, gefälltem, kohlensaurem Kalk in solcher Menge, daß hiedurch der Traubenmost keine abnormale Zusammensetzung erhält;[1]

5. der **Zusatz** von technisch reinem **Rohr-** oder **Rübenzucker** (Kandis, Kristallzucker in verschiedenen Formen, Hutzucker, Zuckermehl, Pilé) unter den im Weingesetze angegebenen Bedingungen;

6. die **Haltbarmachung** des Mostes durch Pasteurisieren, durch Schwefeln mit Schwefelschnitten aus reinem Schwefel, mit flüssiger schwefliger Säure oder durch einen Zusatz von Natriumbisulfit oder Kaliumpyrosulfit (Kaliummetabisulfit), endlich auch durch Keimfreifiltration mittels Entkeimungsfiltern;

7. der **Zusatz** von **Weinsäure** zur Wiederherstellung fehlerhafter oder erkrankter Traubenmoste im Höchstausmaße von 1 g auf einen Liter;

8. das **Vergären** mit Hilfe reingezüchteter Hefe oder von Wärme;

9. das **Auffärben** mit frischen Rotweintrestern.

Zu den Punkten 6 und 7 muß jedoch bemerkt werden, daß nach dem gewöhnlichen Verfahren geschwefelte, dann mit schwefliger Säure behandelte oder mit Natriumbisulfit oder Kaliumpyrosulfit (Kaliummetabisulfit) versetzte Moste bei Abgabe an den Verbraucher infolge

---

läßt man in Wasser aufquellen, gießt das Wasser ab und knetet die Masse, solange noch feste Bestandteile zu fühlen sind. Die Masse wird sodann durch ein Haarsieb passiert. Bei säurearmen Weinen setzt man auf 10 Dekagramm Hausenblase (zu 10 Liter Wein) noch 5 Dekagramm Weinsäure zu. Zur Frischerhaltung der Hausenlösung ist ein Alkoholzusatz gestattet. Der Zusatz ist so zu bemessen, daß die Hausenlösung nicht mehr als 15 Prozent Alkohol enthält. **Hühnerei-** und **Blutalbumin** werden im Wasser gelöst, wobei die fünffache Wassermenge des Albumingewichtes verwendet werden darf. Sanitär einwandfreies **Blut** von nachweislich gesunden Tieren darf in frischem Zustande verwendet werden, ebenso ist frisch abgerahmte **Milch** als Schönungsmittel zulässig. **Kasein** soll in der zehnfachen Menge Wasser aufgeschwemmt werden; **spanische Klärerde** und **Kaolin** dürfen in Wasser aufgeschwemmt werden; nach dem Absetzen ist die klare Wasserschichte abzuhebern und nur der Brei als Klärmittel zu verwenden. **Tannin** ist in Wein zu lösen.

[1] Der Entsäuerungskalk darf in Wasser aufgeschwemmt werden, doch ist nach dem Absetzen das Wasser abzuhebern und nur der Brei zu verwenden.

der Schwefelung nicht mehr als 100 mg freie und nicht mehr als 350 mg gebundene schweflige Säure (berechnet als Schwefeldioxyd) im Liter enthalten dürfen, wobei eine Überschreitung dieser Grenzen bis zu 10% unberücksichtigt bleibt; sie sind daher vor der Abgabe an den Verbraucher durch Lüften oder Verschneiden von einem allenfalls vorhandenen Überschuß an schwefliger Säure zu befreien.

Verbotene Verfahrensarten und Zusätze sind nach dem Weingesetze folgende:

1. Alle durch Ministerialverordnung ausdrücklich verbotenen, ferner andere als die in der rationellen Kellerbehandlung von Most im Inlande bisher anerkannten oder in Zukunft durch Ministerialverordnung ausdrücklich für zulässig erklärten Verfahrensarten;

2. der Zusatz von anderem als von technisch reinem Rohr- oder Rübenzucker;

3. der Zusatz anderer als der durch das Gesetz erlaubten Stoffe, und zwar besonders folgender: Wasser, getrocknete Früchte wie Rosinen, Korinthen, Feigen und Johannisbrot oder andere zuckerhaltige Pflanzenteile (alle diese auch in Auszügen und Abkochungen), künstliche Süßstoffe wie Saccharin, Dulcin u. dgl., Glyzerin, Stärkezucker, Alkohol (außer bei der Süßweinerzeugung), Tamarinden und Tamarindenpräparate, Obstmost und Obstwein jeder Art, Gummi, Dextrin und sonstige, den Extrakt vermehrende Substanzen, Bukettstoffe, Essenzen, künstliche Mostsubstanzen, Rückstände von der Weindestillation, Färbemittel, nicht erlaubte Säuren und säurehaltige Stoffe, lösliche Aluminiumsalze (Alaun u. dgl.), Kochsalz, Baryum-, Strontium- und Magnesiumverbindungen, Gips, Borsäure und Borax, Ameisensäure, Salizylsäure, Benzoesäure, deren Salze und Abkömmlinge, Formaldehyd, lösliche Fluorverbindungen und andere Konservierungsmittel, endlich auch Gemische, die eine dieser Substanzen enthalten.

2. Probeentnahme

Soll ein Traubenmost der chemischen Untersuchung zugeführt werden, so ist vorerst eine größere Durchschnittsprobe zu entnehmen, aus welcher:

a) für amtliche Zwecke 2 Teile von je ungefähr $1^1/_2$ l zur amtlichen Untersuchung bestimmt sind. Über Verlangen der Partei ist aus der Durchschnittsprobe noch ein drittes Muster zu entnehmen und dieses, amtlich versiegelt, der Partei zurückzulassen;

b) für private Zwecke mindestens eine Probe von etwa $1^1/_2$ Liter zu entnehmen ist.

Bei der Musterziehung ist dafür zu sorgen, daß die entnommene Probe tatsächlich der durchschnittlichen Beschaffenheit der zu untersuchenden Ware entspricht.

Die Flaschen, in welche der zu untersuchende Traubenmost gefüllt wird, müssen vollkommen rein sein und vor der Füllung mit dem Moste ausgespült werden.

Zum Verschließen der Flaschen sind reine, noch ungebrauchte, geruchlose und gut in den Hals der Flaschen passende Korke zu verwenden. Das Umwickeln der Korke mit Leinwand, Papier u. dgl. ist unstatthaft. An Stelle der Korke können auch Glas- oder Gummistopfen oder mit Gummidichtung versehene Patentverschlüsse verwendet werden, insoferne sie die gesicherte Anbringung eines Siegels gestatten.

Ist Traubenmost in dem Zustande, in dem er in die Flasche gefüllt wurde, zu beurteilen, so hat man dafür Sorge zu tragen, daß er während des Transportes nicht in Gärung gerate. Dies wird am einfachsten dadurch erreicht, daß man dem Moste auf je einen Liter 0,5 g Fluorammonium (in Tablettenform) zusetzt, den Most bis zur Auflösung des Fluorammoniums gut durchschüttelt und dann die entnommenen Probeflaschen mit einem reinen Kork verschließt. Bei der Einsendung einer derartigen Probe muß jedoch ausdrücklich angegeben werden, daß sie zum Zwecke der Konservierung während des Transportes einen Zusatz von Fluorammonium erhalten hat.

3. Untersuchung

Zum Zwecke der chemischen Untersuchung muß der Most die Normaltemperatur von 15⁰ C haben, klar filtriert und, wenn er sich in Gärung befindet, von der Kohlensäure befreit sein. Die Ergebnisse sind in Grammen in einem Liter, der Gehalt an Alkohol außerdem in Volumprozenten anzugeben. Um die für die Beurteilung eines Mostes erforderlichen analytischen Daten zu gewinnen, sind in der Regel folgende Bestimmungen auszuführen:

1. Spezifisches Gewicht

Die Bestimmung des spezifischen Gewichtes hat bei 15⁰ C, auf vier Dezimalstellen genau, zu erfolgen.

2. Alkohol

Zur Bestimmung des Alkoholgehaltes werden 100 ccm Most in einen Destillierkolben gebracht und etwa 70 ccm abdestilliert; das Destillat wird mit Wasser bei einer Temperatur von 15⁰ C auf 100 ccm aufgefüllt. Hierauf bestimmt man im aufgefüllten Destillat das spezifische Gewicht bei 15⁰ C, bezogen auf Wasser von 15⁰ C, auf vier Dezimalstellen genau. Die dem spezifischen Gewichte entsprechenden „Alkoholvolumprozente" und „Gramme in 100 ccm" sind aus der amtlichen Tabelle[1]) zu entnehmen.

---
[1]) Alkoholometrische Tafeln zur einheitlichen Lösung von Aufgaben der Alkoholometrie, II. Aufl., Wien, 1927.

3. Extrakt

Der Extraktgehalt des Traubenmostes wird, wenn dieser noch nicht gegoren hat, dadurch ermittelt, daß man die dem spezifischen Gewichte des Mostes bei 15⁰ C entsprechenden „Gramme Extrakt in 100 ccm" der Extrakttabelle von *Windisch*[1]) entnimmt.

Enthält aber der Most Alkohol, so wird der Extraktgehalt des Mostes indirekt nach der Formel von *Tabarié* berechnet.

Die *Tabarié*sche Formel lautet: $S_e = S_w - S_a + 1$. S_e bedeutet das spezifische Gewicht des entgeisteten und durch Hinzufügen von Wasser auf das ursprüngliche Volumen gebrachten Mostes (Extraktlösung), S_w das spezifische Gewicht des Mostes und S_a das spezifische Gewicht des mittels Wasser auf das Ausgangsvolumen ergänzten alkoholischen Destillates. Den dem spezifischen Gewichte S_e entsprechenden Extraktgehalt findet man in der oberwähnten Extrakttabelle.

Der Extraktgehalt eines alkoholhaltigen Mostes kann aber auch indirekt nach der deutschen Vorschrift[2]) bestimmt werden, doch ist dies gegebenenfalls im Untersuchungszeugnisse anzugeben.

Die gefundene Extraktmenge wird mit einer Dezimale im Untersuchungszeugnisse angegeben.

4. Gesamtsäure (titrierbare Säure)

Der Gehalt des Traubenmostes an Gesamtsäure wird gefunden, indem man 25 ccm Most bis zum beginnenden Sieden erhitzt und dann mit einer mindestens 0,25 n-Kalilauge unter Anwendung empfindlichen Lakmuspapiers als Indikator titriert, oder er wird durch elektrometrische Titration bestimmt. Bei Verwendung von $^1/_3$ n-Kalilauge geben die Kubikzentimeter schon die Gramme Weinsäure im Liter an. Die Gesamtsäure ist, auf eine Dezimale genau, als Weinsäure zu berechnen.

5. Ausfällbarer Weinstein

Dieser Weinsteingehalt läßt sich am einfachsten und mit hinreichender Genauigkeit nach *Haas* bestimmen:

50 ccm Most werden in einer Porzellanschale auf dem Wasserbade auf 20 ccm abgedampft. Nach dem Erkalten fügt man 100 ccm 95-prozentigen Alkohols in kleinen Portionen, unter beständigem Umrühren mit einem Glasstab, hinzu und läßt die Mischung, mit einer Glasplatte bedeckt, über Nacht stehen. Die Flüssigkeit wird dann abfiltriert und der Niederschlag auf dem Filter mit 95-prozentigem Alkohol bis zum Verschwinden der sauren Reaktion ausgewaschen. Hierauf wird das Filter samt dem Niederschlag in die Porzellanschale gebracht,

---

[1]) Tafel zur Ermittlung des Zuckergehaltes wäßriger Zuckerlösungen aus der Dichte bei 15 Graden Celsius; zugleich Extrakttafel für die Untersuchung von Bier, Süßwein, Likören, Fruchtsäften. Berlin, 1896.

[2]) *Fresenius*, Analyse des Weines, 3. Aufl., 1922, S. 19.

50 ccm Wasser hinzugefügt und nach dem Erhitzen der Flüssigkeit, der vollständigen Auflösung des Niederschlages und dem Zusatz von etwas Lakmustinktur als Indikator der Weinstein mit 0,1 n-Kalilauge titriert und daraus auf, eine Dezimale genau, berechnet. 1 ccm 0,1 n-Lauge entspricht 0,0188 g Weinstein.

6. Gesamtweinsäure

Der Gehalt an Gesamtweinsäure wird am zweckmäßigsten nach *Halenke* und *Möslinger*[1]) in folgender Weise gefunden:

100 ccm Traubenmost werden in einer Porzellanschale auf dem Wasserbad eingedampft, der Rückstand mit Wasser in ein Becherglas gespült (das bei 100 ccm eine Marke trägt) und auf das ursprüngliche Maß wieder aufgefüllt. Die Flüssigkeit versetzt man mit 2 ccm Eisessig, 0,5 ccm einer 20-prozentigen Kaliumazetatlösung und 15 g gepulvertem, reinem Kaliumchlorid. Letzteres bringt man durch Umrühren nach Möglichkeit in Lösung und fügt dann 20 ccm Alkohol von 96 Volumprozenten hinzu. Nachdem man durch starkes, etwa 1 Minute anhaltendes Reiben eines Glasstabes an der Wand des Becherglases die Abscheidung des Weinsteins eingeleitet hat, läßt man die Mischung wenigstens 15 Stunden bei 10 bis 15° C stehen und filtriert dann den kristallinischen Niederschlag durch einen mit Papierfilterstoff[2]) beschickten *Gooch*-Tiegel aus Platin oder Porzellan oder durch eine in gleicher Weise beschickte *Witt*sche Porzellansiebplatte[3]) mit Hilfe der Wasserstrahlpumpe ab. Zum Auswaschen des Niederschlages bedient man sich einer Lösung von 15 g Kaliumchlorid in 100 ccm Wasser und 20 ccm Alkohol von 96 Volumprozent. Zunächst spült man das Becherglas mit einem kleinen Anteil dieser Lösung aus, gibt die Flüssigkeit auf das Filter, läßt das Becherglas gut abtropfen und wiederholt dies etwa zweimal. Sodann werden Filter und Niederschlag durch dreimaliges Abspülen und Aufgießen von wenigen Kubikzentimetern der Waschflüssigkeit ausgewaschen. Von letzterer müssen im ganzen genau 20 ccm verwendet werden. Der Papierfilterstoff wird nebst Niederschlag mit siedendem, alkalifreiem Wasser in das Becherglas zurückgespült, die erhaltene Lösung in der Siedehitze mit 0,25 n-Lauge unter Verwendung von empfindlichem Lakmuspapier titriert und hieraus der Gehalt an Gesamtweinsäure, auf eine Dezimale genau, berechnet.

---

[1]) Zeitschrift für analytische Chemie, 1895, 34, 281; *Fresenius*, Anleitung zur chemischen Analyse des Weines, 3. Aufl., München und Wiesbaden, 1922, S. 37.

[2]) Zur Herstellung des Papierfilterstoffes schüttelt man 30 g Filtrierpapier mit 1 l Wasser unter Zusatz von 50 ccm 25-prozentiger Salzsäure stark durch, filtriert auf der Nutsche ab und wäscht bis zur neutralen Reaktion mit heißem Wasser aus. Man verteilt den Brei auf 2 l Wasser und verwendet jedesmal 60 ccm des aufgeschüttelten Breies.

[3]) Siebplatte mit unter 60° abgeschrägten Rändern.

7. Polarisation

100 ccm Traubenmost werden mit 10 ccm Bleiessiglösung versetzt und nach 2 Stunden filtriert; vom Filtrate vermischt man 55 ccm mit 5 ccm einer gesättigten Lösung von Natriumsulfat, ergänzt mit Wasser auf 100 ccm und filtriert nach 2 Stunden. Das Filtrat wird im 200 mm-Polarisationsrohr bei 20⁰ C polarisiert. Die abgelesenen Grade müssen verdoppelt werden, um die dem unverdünnten Moste entsprechende Drehung zu finden. Zur Bestimmung der Drehung nach der Inversion werden 50 ccm des Filtrates, das zur ersten Polarisation gedient hat, mit 5 ccm Salzsäure vom spezifischen Gewichte 1,125 versetzt, die Mischung 10 Minuten lang im Wasserbade auf 67 bis 70⁰ C erhitzt und nach dem Erkalten polarisiert. Die erfolgte Verdünnung wird in der Berechnung berücksichtigt. Die Ablesung ist in Kreisgraden auszudrücken. Bei Verwendung des Polarisationsapparates von *Ventzke-Soleil* sind die gefundenen Teile Ventzke durch Multiplikation mit 0,347 auf Kreisgrade umzurechnen. Die gefundene Polarisation wird mit einer Dezimale im Untersuchungszeugnis angegeben.

8. Zucker

Die Bestimmung des direkt reduzierenden Zuckers wird in dem mit Salzsäure nicht behandelten Teile des nach Punkt 7 erhaltenen zweiten Filtrates nach entsprechender Verdünnung, wie bei „Zuckerarten", Heft XXXV, S. 86, angegeben, ausgeführt. Der Zucker wird als Invertzucker berechnet. Bei Anwesenheit von Rohrzucker muß eine zweite Zuckerbestimmung in dem mit Salzsäure behandelten Teile des nach Punkt 7 erhaltenen zweiten Filtrates vorgenommen werden, indem man eine gemessene Menge mit Kali- oder Natronlauge neutralisiert und auf einen Zuckergehalt von rund 0,5% verdünnt; in dieser Lösung wird die Bestimmung nach *Allihn-Meißl* ausgeführt. Zieht man von der in der invertierten Lösung gefundenen Invertzuckermenge den direkt reduzierenden Zucker ab und multipliziert die Differenz mit 0,95, so erfährt man, wie viel Rohrzucker der Most enthält. Der Zuckergehalt wird auf eine Dezimale genau angegeben.

9. Asche

Zur Bestimmung der Asche werden 50 ccm Most in einer Platinschale bis zur Sirupdicke abgedampft. Der Rückstand wird getrocknet und zu „Karbonatasche" verascht. Hiezu verkohlt man diesen Rückstand in der gewogenen Platinschale vorsichtig durch eine mäßig starke Flamme, laugt die Kohle mit heißem Wasser aus, filtriert den Rückstand ab, wäscht mit wenig Wasser nach, trocknet das Filter samt Inhalt in derselben Platinschale, verascht vollständig, fügt das Filtrat zu dieser Asche hinzu, dampft auf dem Wasserbade ein, glüht schwach während kurzer Zeit, setzt nach dem Abkühlen einige Tropfen Ammoniumkarbonatlösung zu, erhitzt neuerlich vorsichtig und wägt schließlich den Schaleninhalt nach dem Erkalten als sogenannte „Karbonatasche".

Für die Beurteilung ist der in der Asche gefundene, 0,2 g auf 1 Liter übersteigende Kochsalzgehalt vom Mineralstoffgehalt abzuziehen.

Der Aschengehalt wird mit 2 Dezimalen im Untersuchungszeugnisse angeführt.

10. Flüchtige Säuren

Der Gehalt an flüchtigen Säuren wird derart ermittelt, daß 50 ccm Traubenmost nach Entfernung der Kohlensäure in einem Destillierkolben über kleiner Flamme mittels durchströmenden Wasserdampfes so lange destilliert werden, bis die übergehenden kondensierten Dämpfe keine saure Reaktion oder nur eine Spur von solcher mehr zeigen. In der Regel ist dies dann der Fall, wenn das Volumen des Destillates 300 ccm beträgt. Die im Destillate enthaltenen flüchtigen Säuren werden nach Zusatz einiger Tropfen einer alkoholischen Phenolphtaleinlösung mit 0,1 n-Kalilauge titriert und als Essigsäure berechnet. Für die Beurteilung des Essigstiches ist die Menge der eventuell mitdestillierten schwefligen Säure, nach Umrechnung auf Essigsäure, von der Gesamtmenge der flüchtigen Säuren abzuziehen. Die schweflige Säure kann aber auch schon bei der Destillation in geeigneter Weise durch Oxydation mit Wasserstoffsuperoxyd ausgeschaltet werden. Die Menge der flüchtigen Säuren wird im Untersuchungszeugnis mit 2 Dezimalen angegeben.

11. Konservierungsmittel

a) Schweflige Säure

Bei der Bestimmung der schwefligen Säure hat man zu berücksichtigen, daß im geschwefelten Traubenmost nicht die ganze schweflige Säure in freiem Zustande enthalten ist, sondern daß ein mehr oder weniger großer Anteil davon mit der im Most vorhandenen Glykose glykoseschweflige Säure bildet, die gleichfalls als gesundheitsschädlich bezeichnet werden muß. Es genügt daher nicht, im Traubenmoste bloß die freie schweflige Säure zu bestimmen (s. S. 30), sondern es muß die gesamte Menge der darin enthaltenen schwefligen Säure ermittelt werden.

Zur Bestimmung der gesamtschwefligen Säure nach *Haas*[1]) destilliert man 100 ccm Traubenmost nach Zusatz von 5 ccm konzentrierter Phosphorsäurelösung (spez. Gewicht 1,2) im Kohlensäurestrom zur Hälfte ab und leitet das Destillat in vorgelegte Jodlösung (5 g Jod und 7,5 g Jodkalium in Wasser zu einem Liter gelöst). Je nach der Menge der schwefligen Säure sind 25 bis 50 ccm Jodlösung nötig. Das Destillat, das noch freies Jod enthalten muß, wird nach Zusatz von 10 ccm verdünnter Salzsäure erhitzt und mit Chlorbaryumlösung versetzt, das gefällte Baryumsulfat auf ein aschefreies Filter gebracht, mit

---
[1]) Berichte der Deutschen Chemischen Gesellschaft, 1882, S. 154.

heißem Wasser ausgewaschen, getrocknet, im Platintiegel geglüht, der Tiegelinhalt nach dem Erkalten mit einigen Tropfen verdünnter Schwefelsäure abgeraucht, nochmals geglüht und nach dem Erkalten gewogen. Die gefundene Menge Baryumsulfat mit 2,744 multipliziert, gibt die in 1 l Most enthaltene Menge schwefliger Säure in Grammen (auf 3 Dezimalen genau anzugeben).

b) Salizylsäure

Man versetzt 50 ccm Traubenmost in einem mit Glasstopfen verschließbaren 100 ccm-Zylinder mit 5 ccm verdünnter Schwefelsäure und füllt den Zylinder mit Schwefelkohlenstoff voll. Hierauf schüttelt man seinen Inhalt kräftig durch und bringt die Mischung in einen Scheidetrichter. Nach vollständigem Absitzen des Schwefelkohlenstoffes wird dieser durch ein doppeltes Faltenfilter in einen kleinen, verschließbaren Zylinder fließen gelassen und mit etwas Wasser überschichtet. Man fügt nun ein bis zwei Tropfen 5-prozentiger Eisenchloridlösung hinzu, verschließt den Zylinder und mischt seinen Inhalt gut durch. Enthält der Most Salizylsäure, so nimmt die über dem Schwefelkohlenstoff sich sammelnde Flüssigkeit eine violette Farbe an.

12. Salpetersäure

In einem geräumigen, dickwandigen Proberöhrchen oder einem Zylinder werden nach *Kaserer*[1]) 10 ccm Most mit 4 g gelöschtem, salpetersäurefreiem Kalk in Pulverform versetzt und 2 Minuten hindurch kräftig geschüttelt. Man gießt dann 50 ccm absoluten Alkohols hinzu und schüttelt abermals. Die breiige Flüssigkeit wird durch ein Faltenfilter filtriert, das Filtrat mit Essigsäure angesäuert und mit etwas salpetersäurefreier Blutkohle in einer Schale auf dem Wasserbade eben zur Trockene verdampft. Nach dem Erkalten nimmt man mit 3 bis 4 ccm destillierten Wassers auf, filtriert und prüft das Filtrat mit einer frisch bereiteten Lösung von 0,02 g Diphenylamin in 100 ccm konzentrierter Schwefelsäure auf Anwesenheit von Salpetersäure.

13. Sorbit

Zur Feststellung eines eventuellen Zusatzes von Obstmost wird nach *Werder*[2]) auf die Anwesenheit von Sorbit geprüft. Diese Prüfung kann erst nach vollständiger Vergärung des Zuckers erfolgen. Zum Nachweis von Sorbit werden 100 ccm des zu untersuchenden, möglichst vollständig vergorenen Getränkes mit 7 g reinster Tierkohle geschüttelt, 2 bis 3 Minuten gekocht und dann heiß filtriert. Das Filtrat wird in

---

[1]) Zeitschrift für das Landwirtschaftliche Versuchswesen in Österreich, 1903, S. 197.
[2]) Mitteilungen auf dem Gebiete der Lebensmitteluntersuchung und Hygiene, Bern, 1928, 19, 394.

einen 300 ccm fassenden Fraktionierkolben aus Jenaerglas gebracht, durch dessen obere Öffnung ein durchbohrter Kautschukpfropfen mit einem unten zur Kapillare ausgezogenen Glasrohr geht, das am oberen Ende mit einem Stückchen Schlauch und einem Schraubenquetschhahn verschlossen wird. Die Kapillare soll (zur Vermeidung des lästigen Stoßens des Kolbeninhaltes) bis auf den Boden des Kolbens reichen. Dann wird das Ansatzrohr des Fraktionierkolbens mit der Saugpumpe verbunden und der Inhalt unter vermindertem Druck[1]) auf dem Wasserbade eingedampft, bis ein dicker Sirup übrig bleibt. Es kommt außerordentlich darauf an, daß der zurückbleibende Sirup (bei säurereichen Neuweinen scheidet sich Weinstein aus, der leicht an die Kolbenwandungen verspritzt, weshalb ein besonders gründliches Mischen mit den zuzusetzenden Reagentien erforderlich ist) die richtige Konsistenz aufweist. Dampft man zu stark ein, so läßt sich der Rückstand nicht mehr gut mischen und ist er noch zu wasserhaltig, so tritt die Kondensation nicht oder nur sehr unvollständig ein. Zweckmäßig wird deshalb der Kolben gegen Schluß der Destillation von Hand aus umgeschwenkt, bis sein Inhalt die erfahrungsgemäß richtige Konsistenz aufweist. Der Destillationsrückstand wird unter dem Vakuum belassen, bis sich der Kolben kalt anfühlt. Dann werden 4 Tropfen, bei zu erwartendem hohem Gehalt an Obstwein entsprechend mehr, Benzaldehyd und 1,0 ccm Schwefelsäure (1 Raumteil Wasser und 1 Raumteil konzentrierte Schwefelsäure) zugegeben, das Ganze längere Zeit tüchtig durch Schwenken vermischt und dann mindestens 10 Stunden verschlossen im Eisschrank stehen gelassen.

Nach Ablauf dieser Frist fügt man zum Reaktionsprodukt allmählich und unter Schütteln 100 ccm destilliertes Wasser. Bei Gegenwart von Obstmost, wovon ein mindestens 10-prozentiger Zusatz bei richtigem Arbeiten meist schon daran zu erkennen ist, daß die Reaktionsmasse zu einem Kuchen erstarrt, während sie bei unvermischtem Wein noch teilweise flüssig bleibt, bleibt der entstandene Dibenzalsorbit beim Lösen des Reaktionsproduktes in der gleichen Menge Wasser als weißer, flockiger Niederschlag ungelöst, während bei reinem Wein das Reaktionsprodukt in der gleichen Menge Wasser nahezu klar sich auflöst oder nur ganz geringe Mengen Niederschlag absetzt.

Beträgt der Niederschlag nach dem Waschen und Trocknen mindestens 20 mg, so muß er nach der Methode von *H. Jahr*[2]) in Hexaazetylsorbit übergeführt werden.

Hiezu wird der nach dem *Werder*schen Sorbitverfahren beim Verdünnen mit Wasser erhaltene unlösliche Niederschlag in einem mit der Wasserstrahlpumpe verbundenen Glasfiltertiegel gesammelt und mit kaltem Wasser sorgfältig bis zur neutralen Reaktion des Waschwassers

---

[1]) Mitunter genügt es auch, insbesondere bei extraktärmeren Weinen, statt unter vermindertem Druck nur auf dem Wasserbade abzudampfen.

[2]) Zeitschrift für Untersuchung der Lebensmittel, 1930, 59, 285.

ausgewaschen. Dann wäscht man noch mit etwas lauwarmem Wasser nach.

Von dem im Exsikkator getrockneten Rückstand (hier, wie auch später, verwendet man am vorteilhaftesten einen Vakuum-Exsikkator, der ein schnelleres Arbeiten gestattet) gibt man mindestens 20 mg in ein gewöhnliches Proberöhrchen und versetzt mit 4 bis 6 Tropfen Benzaldehyd, sowie mit 2 ccm n-Salzsäure. Das Proberöhrchen stellt man in siedendes Wasser, bis unmittelbar nach dem Herausheben — beim Erkalten wird die ganze Flüssigkeit milchig trübe — keine festen unveränderten Bestandteile mehr zu bemerken sind. In der Regel genügen hiefür 10 bis 15 Minuten. Nach dem Erkalten oder dem Abkühlen unter dem Strahl der Wasserleitung schüttelt man mehrmals mit einigen Kubikzentimetern Äther aus, wobei man jedesmal durch Abgießen den Äther nach Möglichkeit von der wäßrigen Lösung trennt.

Die ausgeschüttelte Flüssigkeit, die keinesfalls mehr den Geruch nach Benzaldehyd wahrnehmen lassen darf, gießt man in ein kleines Glasschälchen. Ist die ausgeschüttelte Flüssigkeit nicht ganz klar, so filtriert man in das Schälchen durch ein Filterchen, das man mit wenig Wasser nachwaschen kann. Man dampft nun auf dem Wasserbade ein, indem man jeweils solange kleine Mengen Zinkoxyd zusetzt, als es noch vollständig in Lösung geht.

Sobald nur noch ein dickflüssiger Tropfen vorhanden ist — oft beginnen dann auch feste Bestandteile sich auszuscheiden — gibt man in das Schälchen, ohne es vom Wasserbade zu entfernen, 0,5 ccm Essigsäureanhydrid und ein Stückchen geschmolzenes Zinkchlorid von etwas über Pfefferkorngröße. Nach 10 Minuten versetzt man mit 3 ccm Wasser, wobei der Rest des Zinkchlorids in Lösung geht, beläßt noch kurze Zeit auf dem Wasserbade, und stellt das Schälchen mit einem Uhrglas bedeckt zum Erkalten beiseite. Je nach der angewandten Ausgangsmenge tritt dann in einer bis mehreren Stunden die Abscheidung der Hexaazetylverbindung ein. Am besten läßt man jeweils über Nacht stehen. Verzögert sich die Kristallabscheidung stark, so kann man sie durch vorsichtiges Animpfen mit Hexaazetylsorbit einleiten. Die abgeschiedenen Kristalle filtriert man ab, wäscht sie mit Wasser aus, trocknet sie im Exsikkator und bestimmt ihren Schmelzpunkt, der für Hexaazetylsorbit bei 98 bis 99⁰ C[1]), dagegen für Hexaazetylmannit bei 120⁰ C[2]) liegt.

Sollten die Kristalle keinen der beiden genannten Schmelzpunkte zeigen, so dürfte Umkristallisieren aus 3 bis 5 ccm heißen Wassers zum Ziele führen, eventuell auch das von *Mulley* und *Egerer*[3]) empfohlene Umkristallisieren aus Äther.

---

[1]) Vgl. *Zäch* in: Mitteilungen aus dem Gebiete der Lebensmitteluntersuchung und Hygiene, Bern, 1929, 20, 14.

[2]) Vgl. *Franchimont* in: Berichte der Berl. Deutsch. Chem. Gesellschaft, 1897, 12, 2059, und *Bouchardat* in: Ann. Chem. et Phys., 1875, (5), 6, 100.

[3]) Weinland, 1929, 12, 442.

Die Kristalle des Hexaazetylsorbits stellen unter dem Mikroskop Prismen dar, die beiderseits eine schiefe, ziemlich flache Spitze zeigen. Oft bildet er sternförmig zusammengesetzte, an dem einen Ende breiter werdende Strahlenbündel, bei denen jeder Strahl an dem breiten Ende in der charakteristischen Spitze endet. Aus Tribenzalmannit gewonnener Hexaazetylmannit kristallisiert rhombisch in Prismen oder Tafeln. Bei den Prismen bemerkt man meist dreieckige Zeichnungen, die von der Basis in der Richtung der Diagonale verlaufen.

4. Beurteilung

Wenn man Traubenmoste, die der Angabe nach von bestimmten Traubensorten, Lagen oder Jahrgängen stammen, auf Grund der chemischen Zusammensetzung zu beurteilen hat, sind die bei der Untersuchung dieser Moste erhaltenen Zahlen mit den Ergebnissen der Analyse unzweifelhaft echter Traubenmoste derselben Traubensorte, Lagen und Jahrgänge zu vergleichen.

Zur Beurteilung von Traubenmosten, deren Herkunft nicht mit Sicherheit bekannt ist, dienen folgende Anhaltspunkte:

1. Der Gehalt der Traubenmoste an zuckerfreiem Extrakt („Nichtzucker") beträgt durchschnittlich 30,0 g in einem Liter. Das Minimum beträgt 16,0 g in einem Liter.

2. Der Gehalt an Mineralstoffen (Asche) beläuft sich auf nicht weniger als 1,90 g in einem Liter.

3. Der Gehalt an ausfällbarem Weinstein beträgt in unvergorenem Most in der Regel nicht weniger als 3,0 g in einem Liter.

4. Die Polarisation des Mostes reifer Trauben entspricht entweder annähernd dem als Invertzucker berechneten Zuckergehalt oder die Linksdrehung ist eine größere. Moste von nicht ausgereiften Trauben enthalten oft mehr Dextrose als Lävulose, ihre Linksdrehung ist daher nicht selten eine kleinere als die dem Zuckergehalte (als Invertzucker berechnet) entsprechende. Es läßt sich somit nur aus der Polarisation vor und nach der Inversion auf einen eventuellen Rohrzuckerzusatz schließen.

Traubenmoste mit weniger als 16,0 g zuckerfreiem Extrakt („Nichtzucker") oder weniger als 1,90 g Mineralstoffen (Asche) in einem Liter sind gewässert. Bei Mosten, deren Beschaffenheit von der unter 3. aufgestellten Norm abweicht, liegt der Verdacht einer erfolgten Wässerung vor. Eine Beanstandung wegen Wässerung kann aus diesem Umstande aber nur dann erfolgen, wenn auch andere Untersuchungsergebnisse oder der Ausfall der Sinnenprüfung dafür sprechen. Moste, welchen mehr als 1 g Weinsäure auf einen Liter zugesetzt wurde (S. 4), sind als verfälscht zu beurteilen, ebenso wie Traubenmoste, die Sorbit enthalten (wegen Zusatzes von Obstmost), endlich auch Moste, welchen konzentrierter Most, Mostsubstanzen oder künstlicher Most zugesetzt wurde. Traubenmost, bei dessen Herstellung nicht gestattete Verfahrensarten angewendet oder dem verbotene Stoffe zugesetzt worden sind, ist als verfälscht und unter Umständen (bei Anwesenheit gesundheitsschädlicher Stoffe, wie z. B. von Arsen-, Antimon-, Baryum- Blei-, Strontiumverbindungen oder löslichen Aluminium- und Fluorverbindungen, sowie auch unzulässigen Konservierungsmitteln) als gesundheitsschädlich zu beurteilen. Ist ein übermäßiger Gehalt an Sulfaten oder Schwefelsäure auf in der Kellerwirtschaft erlaubte Mittel zurückzuführen, so sind derartige Traubenmoste, wenn der Gehalt an Schwefelsäure (als SO_3 berechnet) 0,92 g oder an Sulfaten (als Kaliumsulfat, K_2SO_4, berechnet) 2,00 g überschreitet, als verdorben zu beurteilen. Anormale Traubenmoste sind für minderwertig, zu stark entsäuerte Traubenmoste je nach dem Grade der ihnen anhaftenden Mängel für minderwertig oder verdorben, verdorbene Traubenmoste unter Umständen, wenn nämlich ihr Genuß zu Gesundheitsstörungen Anlaß bieten kann, auch für gesundheitsschädlich zu erklären. Traubenmoste, die bei Abgabe an den Verbraucher infolge der Schwefelung mehr als 100 mg freie oder mehr als 350 mg gebundene schweflige Säure (berechnet als Schwefeldioxyd) im Liter enthalten, wobei eine Überschreitung dieser Grenzen bis zu 10% unberücksichtigt bleibt, sind als gesundheitsschädlich zu beurteilen.

Künstlicher Most, Mostsubstanzen und Traubenmoste, die einem Konzentrierungsverfahren unter Anwendung künstlicher Wärme oder Kälte unterzogen wurden, dürfen nach dem „Weingesetze 1929" nicht in Verkehr gesetzt werden.

Direktträgermoste[1]) oder Verschnitte mit solchen Mosten sind, wenn sie im geschäftlichen Verkehr nicht in der gesetzlich vorgeschriebenen Weise bezeichnet wurden, wegen Nichtbeachtung der Bezeichnungsvorschrift des § 23 d nach § 30 des Weingesetzes zu beanstanden. Ist ihnen aber eine Bezeichnung beigelegt worden, die sich als eine falsche Bezeichnung im Sinne des Lebensmittelgesetzes erweist, so sind sie auch deswegen zu beanstanden.

Traubenmoste, welche einen Zuckerzusatz erhalten haben, sind als falsch bezeichnet zu beanstanden, wenn sie unter einer Bezeichnung in den Verkehr gesetzt werden, die z. B. die Worte „Rein", „Natur", „Original" u. dgl. enthält und die geeignet ist, den Anschein zu erwecken, daß der Traubenmost keinen solchen Zusatz erhalten hat.

5. Regelung des Verkehres

A. Produktion. Es empfiehlt sich, bei der Weinlese die durch Pilze angegriffenen oder sonst in ihrer Reifeentwicklung zurückgebliebenen Trauben auszulesen und zu beseitigen. Wenn der nach dem ersten Pressen der Traubenmaische zurückbleibende Tresterstock mit

---

[1]) Direktträger oder Ertragshybriden sind Rebstöcke, die nicht oder nicht ausschließlich von *Vitis vinifera* stammen.

Wasser benetzt und zum zweitenmal ausgepreßt wird, so darf die ablaufende Flüssigkeit nicht mit dem bei der ersten Pressung erhaltenen Moste vereinigt, sondern nur zur Tresterweinbereitung (s. Heft XL, S. 22) verwendet werden. Die Verwendung von Bleirohren, von mit Blei- oder Zinkblech ausgeschlagenen Rinnen zum Ableiten des Mostes in die Lagerfässer, ebenso die Verwendung bleihaltiger oder zinkhaltiger Schläuche zum Abziehen oder von blei- oder zinklässigen Geräten beim Abmessen oder Aufbewahren von Most ist unzulässig.

B. Transport. Die Gärung des Traubenmostes während des Transportes läßt sich durch Pasteurisieren, allerdings nicht selten auf Kosten des Geschmacks, verhindern. Auch ist es gestattet, den Most in geschwefelte Fässer einzufüllen oder dem Most zum Transporte auch solche Mengen an Natriumbisulfit oder Kaliumpyrosulfit (Kaliummetabisulfit) oder schweflige Säure zuzusetzen, daß er mehr als die bei Abgabe an die Verbraucher gesetzlich noch zulässige Menge enthält. Die Tatsache einer erfolgten Überschwefelung ist dem Empfänger bekanntzugeben und er ist darauf aufmerksam zu machen, daß der Most vor dem Verbrauch durch erlaubte Mittel von dem Überschuß an schwefliger Säure befreit werden muß. In jedem Falle ist es angezeigt, das Faß mit einem Gärspund zu versehen. Absolut notwendig wird eine solche Vorsicht dann sein, wenn man den Most transportieren will, ohne daß vorher Vorsorge zur vollkommenen Verhinderung der Gärung getroffen worden ist. Für die Kennzeichnung der Fässer sind die Bestimmungen des Weingesetzes und dessen Durchführungsverordnungen maßgebend.

C. Lagerung. Soll der Most längere Zeit in einem Raume liegen, ohne in Gärung zu geraten, so kann man dies entweder durch Pasteurisieren des Mostes bewirken oder durch die andauernde Kühlhaltung des Lagerraumes auf nahe an 0⁰ C oder endlich durch das Einfüllen des Mostes in ein stark geschwefeltes Faß. Für kurze Zeit kann die Gärung des Mostes auch durch Filtration hintangehalten werden.

D. Abgabe an die Verbraucher. Pasteurisierter, filtrierter oder durch Kälte in der Gärung zurückgehaltener Most darf ohneweiters in Verkehr gebracht werden. Mit erlaubten Mitteln überschwefelten Most muß man, bevor er zum Ausschank gelangt, so lange lüften, bis sein Gehalt an schwefliger Säure den gesetzlichen Vorschriften entspricht. Im übrigen gelten die Usancen der Börse für landwirtschaftliche Produkte. (Sonderbestimmungen für Wein und Most.)

6. Verwertung des beanstandeten Traubenmostes

Beanstandete Traubenmoste sind, wenn die Beanstandung wegen Gesundheitsschädlichkeit erfolgte und sie nicht in einer den Vorschriften des Weingesetzes entsprechenden Weise verwertet werden können, zu vernichten. Verdorbene oder verfälschte Traubenmoste können in einer den Bestimmungen des Weingesetzes nicht zuwiderlaufenden Weise verwertet oder verarbeitet werden.

XL.
Wein

Referent: Hofrat Ing. *August Füger*
(Landw.-chem. Bundes-Versuchsanstalt, Wien)

Die auf den Verkehr mit Wein bezughabenden Rechtsnormen sind bereits bei „Traubenmost", Heft XXXIX, S. 1 ff., angeführt.

1. Beschreibung

„Traubenwein" oder „Wein" kurzweg ist das durch alkoholische Gärung des Weinmostes oder der Maische frischer Weintrauben hergestellte Getränk, von dessen ursprünglichem Zuckergehalt mehr als zwei Drittel alkoholisch vergoren sind.

Man hat folgende Gattungen von Wein zu unterscheiden:

a) Weißwein, eine gelbliche oder grünlich-gelbliche Flüssigkeit von spezifischem Geruch und säuerlichem Geschmack. Besitzt er einen rötlichen Stich, so kann er (nach inländischem Gebrauch) als „Füchsel" bezeichnet werden;

b) Rotwein, eine rote Flüssigkeit von spezifischem Geruch und mehr oder weniger säuerlichem oder herbem Geschmack;

c) Schillerwein,[1] eine hellrote Flüssigkeit, deren Geruch und Geschmack bald dem Weißwein, bald dem Rotwein nahesteht;

d) Süßweine, gelbliche, bräunliche bis dunkelbraune oder rote Weine von spezifischem Geruch und süßem Geschmack;

e) aromatisierte und gewürzte Weine sind Weine, die mit aromatischen Kräutern, Drogen und Gewürzen so behandelt wurden, daß sie deren eigentümlichen Geruch und Geschmack angenommen haben;

f) Schaumweine sind infolge nochmaliger Gärung (Flaschengärung) oder durch künstlichen Zusatz von Kohlensäure erzeugte, schäumende Weine von prickelndem Geschmack;

g) Direktträgerweine oder Hybridenweine (s. Heft XXXIX,

---

[1] Als „Schilcher" bezeichnet man in Steiermark den in einigen Bezirken des Landes aus der blauen Wildbachertraube gewonnenen, hellroten Wein.

S. 15) sind durch einen ihnen eigentümlichen Geruch und Geschmack gekennzeichnet und können allen vorgenannten Gruppen zugehören.

Die Bestandteile des Traubenweines im allgemeinen sind folgende: Wasser, Alkohol (Äthylalkohol), Dextrose und Lävulose, Arabinose, Weinsäure und Äpfelsäure sowie Salze dieser Säuren, Bernsteinsäure, Milchsäure, Essigsäure, Gerbsäure, Kohlensäure, Glyzerin, stickstoffhaltige Stoffe, Farbstoffe, Mineralstoffe (und zwar dieselben wie im Traubenmost), ferner höhere Alkohole und Fettsäuren, Aldehyde, Ester, Isobutylenglykol und sehr geringe Mengen von Gummi und Pektinstoffen sowie Bukettstoffen.

Normaler Wein ist ein solcher, der durch normale alkoholische Gärung normalen Traubenmostes oder normaler Traubenmaische entstanden ist.

Anormaler Wein ist ein solcher, der durch anormale Gärung des Traubenmostes oder der Traubenmaische oder durch alkoholische Gärung anormalen Traubenmostes, oder durch Einwirkung von schädlichen Mikroorganismen oder gewissen Fermenten auf den Traubenmost, die Traubenmaische oder den Traubenwein entstanden ist.

Die häufigsten Fehler und Krankheiten der Weine sind: Das Kahmigwerden, das Zähewerden, der Essigstich, der Milchsäurestich, die Mannitgärung, der Buttersäurestich („Zickendwerden"), das „Mäuseln", das Bitterwerden, die Weinstein- und Glyzerinzersetzung („Umschlagen"), das Braunwerden („Rahnwerden"), der schwarze Bruch, der weiße Bruch, das „Böcksern" (Schwefelwasserstoffgeruch), Holzgeschmack, Faßgeschmack, Schimmel-, Hefe-, Kork- und Metallgeschmack, dumpfer oder fremdartiger Geschmack oder solcher Geruch.

Ist Wein in Geruch, Geschmack oder in seiner anderen Beschaffenheit derart verändert, daß er in diesem Zustande zum unmittelbaren Genuß nicht geeignet ist, so darf er an Verbraucher nicht abgegeben werden. Wein, welcher so weitgehend verändert ist, daß er durch erlaubte Mittel nicht mehr genußfähig gemacht werden kann, ist je nach seiner Beschaffenheit als gesundheitsschädlich oder verdorben anzusehen.

Erlaubte Verfahrensarten und Zusätze sind nach § 4 des „Weingesetzes 1929" insbesonders folgende:

A. Weißweine, Rotweine und Schillerweine

1. Alle rein mechanischen Behandlungen, die bei „Traubenmost" genannt sind, ferner das Auffüllen mit Traubenwein;

2. Das Schönen mit den gesetzlich erlaubten Schönungsmitteln (siehe Heft XXXIX, S. 3), wobei außer den dort angeführten Methoden beim Wein auch die Blauschönung mit Ferrozyankalium gestattet ist[1];

---

[1] Zur Blauschönung wird das chemisch reine Ferrozyankalium (gelbes Blutlaugensalz) in etwa der achtfachen Menge Wasser vollkommen gelöst. Die Lösung ist stets frisch zu bereiten und ist auf tunlichst rasche Auf-

3. Das Verschneiden von Wein mit Wein, Traubenmost oder Traubenmaische, soweit es die gesetzlichen Bestimmungen gestatten. Mit Zucker aufgebesserter Traubenmost darf aber außer den Fällen der Erzeugung von Süßwein, aromatisiertem Wein oder Schaumwein mit Wein, der aus einer früheren Ernte stammt, nicht verschnitten werden;

4. Das Entsäuern mit reinem, gefälltem, kohlensaurem Kalk in solcher Menge, daß dadurch der Wein keine abnormale Zusammensetzung erhält;

5. Die Verwendung von Alkohol, das ist von raffiniertem, fuselfreiem Sprit von mindestens 95 Volumprozenten bei der rationellen Kellerbehandlung in solchem Ausmaße, daß der natürliche Alkoholgehalt des Weines dadurch um nicht mehr als ein Volumprozent erhöht wird. Dagegen ist ein Zusatz von Alkohol, der auf die Erhöhung des Alkoholgehaltes abzielt, verboten;

6. Die Haltbarmachung des Weines durch Pasteurisieren, durch Schwefeln, durch Zugabe von verflüssigter schwefliger Säure oder durch den Zusatz von Natriumbisulfit oder Kaliumpyrosulfit (Kaliummetabisulfit). Geschwefelte Weine dürfen jedoch nur dann zum Ausschank gelangen, wenn sie durch längeres Lagern im Fasse oder durch Lüften oder ein sonstiges erlaubtes Verfahren vom Überschuß der schwefligen Säure befreit worden sind, so daß sie nicht mehr als 100 mg freie und nicht mehr als 350 mg gebundene schweflige Säure (berechnet als Schwefeldioxyd) im Liter enthalten, wobei eine Überschreitung dieser Grenzen bis zu 10% unberücksichtigt bleibt;

7. Der Zusatz von Weinsäure zur Wiederherstellung erkrankter Weine im Höchstausmaße von 100 g auf den Hektoliter;

8. Die Behandlung mit gereinigter Tier- oder Pflanzenkohle zum Zwecke der Entfärbung oder zur Beseitigung von Geruchs- und Geschmacksfehlern des Weines. Ein auf diesem Wege entfärbter Naturrot- oder Naturschillerwein kann wohl als „Weißwein" oder „Naturwein", nicht aber als „Naturweißwein" bezeichnet werden. Das Kohlepulver, d. i. gereinigte Tier- oder Pflanzenkohle, darf nicht nur in trockenem Zustande, sondern auch als Pasta mit einem Gesamtwasser-

---

lösung zu achten; keinesfalls darf die Lösung über Nacht stehen bleiben. Der von der Blauschönung zurückbleibende Trub ist zu vernichten. Die Dosierung darf nicht selbst ermittelt werden, sondern ist gemäß Ministerialverordnung vom 12. März 1928, BGBl. Nr. 75, von einer hiezu autorisierten Stelle zu bestimmen. Nach vorgenommener Blauschönung muß bei der gleichen Untersuchungsstelle eine neuerliche Überprüfung des geschönten Weines veranlaßt werden, um festzustellen, ob in dem geschönten Getränk etwa noch Ferrozyanverbindungen vorhanden sind. Sollte dabei eine Überschönung festgestellt werden, so kann der überschönte Wein vor dem Inverkehrsetzen durch geeigneten Verschnitt mit nicht geschöntem Wein wiederhergestellt, beziehungsweise verkehrsfähig gemacht werden.

gehalte von höchstens 80 Gewichtsprozenten Verwendung finden. Hiezu wird trockenes Kohlepulver mit reinem Wasser aufgeschwemmt und nach wiederholtem Umrühren einige Stunden stehen gelassen, worauf man das Wasser vorsichtig abgießt und den Brei zur Weinbehandlung verwendet;

9. Das Auffärben des Weines durch Zusatz von aus technisch reinem Rohr- oder Rübenzucker erzeugtem Karamel oder durch Behandlung mit frischen Rotweintrestern;

10. Das Auffrischen mit reiner Kohlensäure;

11. Das Vergären mit Hilfe reingezüchteter Hefe[1]) oder von Wärme.

B. Süß- oder Dessertweine

Süß- oder Dessertweine im allgemeinen sind Weine, die sich vornehmlich durch einen hohen Extrakt- oder Zuckergehalt und zum Teile auch durch einen besonders hohen Alkoholgehalt von den gewöhnlichen Weinen unterscheiden. Sie müssen nach dem „Weingesetze 1929" im Liter mindestens 20 g unvergorenen Zucker, müssen mehr als 12, dürfen aber nicht mehr als 22,5 Volumprozente Alkohol enthalten, wobei der Alkohol- und Zuckergehalt zusammen einem Gehalt von mindestens 260 g Zucker in einem Liter entsprechen muß.[2]) Im Verkehr müssen diese Weine als Süß- oder Dessertweine kenntlich gemacht werden.

Es gibt folgende Arten von Süß- oder Dessertweinen, welche nach folgenden Verfahrensarten hergestellt werden dürfen:

a) Natur- oder Original-Süß- oder Dessertweine, sogenannte „Ausbruchweine" oder „Ausbrüche". Dies sind Weine, die durch alkoholische Gärung des Saftes stark süßer Trauben, eines mit Most gleicher Herkunft versüßten Weines, oder eines Aufgusses von Wein oder Traubenmost auf Trockenbeeren desselben Produktionsgebietes bereitet worden sind und deren Alkoholgehalt durch die Kellerbehandlung um nicht mehr als ein Volumprozent erhöht worden ist;

b) Trockenbeersüßweine oder Trockenbeerdessertweine sind Weine, die durch Versüßen gewöhnlicher Weine mit aus anderen Produktionsgebieten stammenden Trockenbeeren mit oder ohne Gärung und mit oder ohne Alkoholzusatz erzeugt wurden;

c) Likörweine und Façon-Likörweine sind Weine, die durch Unterbrechung der alkoholischen Gärung des Mostes mittels Alkoholzusatzes oder durch Versüßen gewöhnlicher Weine mit Most und

---

[1]) Unter „reingezüchteter Hefe" oder „Reinhefe" ist hier die aus einzelnen Zellen nach streng biologischen Methoden auf sterilisiertem Traubenmost gezüchtete Weinhefe, *Saccharomyces ellipsoideus*, zu verstehen.

[2]) Die Alkoholvolumprozente werden durch Multiplikation mit 16 auf Gramme Zucker im Liter umgerechnet.

Alkoholzusatz erzeugt wurden.[1]) Hieher gehören auch die ausländischen Dessertweine, und zwar die süßen, wie Malaga und die relativ zuckerarmen, wie Marsala, Madeira, Sherry, Portwein und ähnliche. Mistellas sind Süßweine, die durch Zusatz von Alkohol zu unvergorenem oder schon in Gärung befindlichem Traubenmost erzeugt wurden;

d) Versüßte Weine, „Süßweine" oder „Dessertweine" sind Weine, die durch alkoholische Gärung mit technisch reinem Rohr- oder Rübenzucker versetzten Mostes oder durch Versüßen gewöhnlicher Weine mit technisch reinem Rohr- oder Rübenzucker, auch unter Mitverwendung von Trockenbeeren (Rosinen oder Korinthen) mit oder ohne Gärung und mit oder ohne Alkoholzusatz hergestellt wurden.

Das Verschneiden von Wein oder Traubenmost oder mit Zucker aufgebessertem Traubenmost mit Süßwein ist nur insoweit gestattet, als dieser Verschnitt einem Süßwein entspricht.

Anmerkung: Unter „Süßweinessenz" versteht man einen nicht zum unmittelbaren Genusse bestimmten, sehr zuckerreichen Wein mit mehr als 300 g Zucker im Liter.

C. Aromatisierte und gewürzte Weine

Zur Bereitung dieser Weine, zu denen auch die Wermutweine gehören, dürfen außer den für Weißwein, Rotwein, Schillerwein und Süßwein erlaubten Verfahrensarten, Verschnitten und Zusätzen noch andere gesundheitsunschädliche Zusätze Anwendung finden, welche zur Erzielung der beabsichtigten Geschmackswirkung notwendig sind. Ausgenommen hievon sind die Zusätze von Kräutern und Drogen, deren Verkauf den Apotheken vorbehalten ist, dann Zusätze von pharmazeutischen Präparaten, wie sie zur Erzeugung jener Weine dienen, die laut Kundmachung des Bundesministeriums für soziale Verwaltung vom 8. Juni 1923, BGBl. Nr. 355, und vom 12. März 1924, BGBl. Nr. 100, als „medikamentöse Weine" bezeichnet werden.

Das Verschneiden von Wein, Traubenmost oder mit Zucker aufgebessertem Traubenmost mit aromatisierten oder gewürzten Weinen ist nur insoweit gestattet als dieser Verschnitt wieder einem aromatisierten oder gewürzten Wein entspricht.

D. Schaumweine

Bei der Erzeugung von Schaumweinen sind, mit Ausnahme eines Wasserzusatzes, auch die zur Erzielung eines entsprechenden Säuregehaltes und Buketts erforderlichen, in der rationellen Schaumweinerzeugung üblichen, bei Wein sonst unstatthaften Verfahrensarten und

---

[1]) Auf andere Art hergestellte Erzeugnisse sind im Verkehr zulässig, soweit sie auf Grund des „Weingesetzes 1929" oder einer anderen gleichwertigen Bestimmung zugelassen erscheinen.

gesundheitsunschädlichen Zusätze gestattet. Dabei spielt besonders der Likörzusatz eine wichtige Rolle. Dieser „Likör" besteht der Hauptsache nach aus einer Auflösung von Kandiszucker in Wein und Weinbrand oder Kognak, der zuweilen noch Bukettstoffe hinzugefügt werden, die den Charakter der verschiedenen Schaumweine mitbedingen. Je nach der Art der Erzeugung rührt die Kohlensäure entweder von einer in der Flasche stattgefundenen Gärung oder von einer künstlichen Imprägnierung mit Kohlensäure her. Schaumweine, die in letzterer Art hergestellt worden sind, dürfen nicht als Champagner, Sekt oder als Schaumwein schlechtweg, sondern müssen als „mit Kohlensäure versetzter Schaumwein" bezeichnet werden. „Trockene" Schaumweine enthalten nur wenig oder gar keinen Zucker.

Das Verschneiden von Wein, Traubenmost oder mit Zucker aufgebessertem Traubenmost mit Schaumwein ist nur insoweit gestattet, als dieser Verschnitt wieder einem Schaumwein entspricht.

Was die bei „Wein" verbotenen Verfahrensarten und Zusätze betrifft, ist zu bemerken:

Außer den beim Traubenmost angegebenen verbotenen Verfahrensarten und Zusätzen, von denen bloß die bei den Süß- oder Dessertweinen, aromatisierten und gewürzten Weinen sowie bei den Schaumweinen erwähnten Ausnahmen gestattet sind, ist es nach § 16 des „Weingesetzes 1929" vorbehaltlich der Bestimmungen des § 17 dieses Gesetzes untersagt, in Verkehr zu setzen:

1. Weinähnliche Getränke: insbesondere Malzwein, künstlicher Wein, künstlicher Traubenmost, jedoch mit Ausnahme der im § 2 des Weingesetzes bezeichneten Getränke und Zubereitungen sowie von Met (Honigwein);
2. Weinhaltige Getränke, und zwar:
a) verfälschten Wein oder Traubenmost;
b) Tresterwein, ein Getränk, das durch Vergären oder Auslaugen von vergorenen oder unvergorenen Weintrestern mit Verwendung von Wasser mit oder ohne andere Zusätze hergestellt ist;
c) Hefewein, ein aus Hefe oder Weingeläger mit Verwendung von Wasser, mit oder ohne andere Zusätze, hergestelltes Getränk;
3. Gemenge, die nach ihrer Zusammensetzung dazu bestimmt sind, als Mittel zur Herstellung von weinähnlichen oder weinhaltigen Getränken zu dienen, wie z. B. Mostsubstanzen;
4. Weine und Traubenmoste, die einem Konzentrierungsverfahren unter Anwendung künstlicher Wärme oder Kälte unterzogen worden sind und die aus solchen Konzentrationen hergestellten Getränke.

2. Probeentnahme

Soll ein Wein der chemischen Analyse zugeführt werden, so ist vorerst eine größere Durchschnittsprobe zu ziehen, von der:

a) für amtliche Zwecke zwei Proben von je etwa $1^1/_2$ Liter und auf Verlangen der Partei noch eine dritte Probe in gleicher Menge entnommen werden,

b) für private Zwecke eine Probe von etwa $1^1/_2$ Liter entnommen wird.

Die zu verwendenden Flaschen müssen möglichst durchsichtig und vollkommen rein sein; sie müssen mit dem zu prüfenden Wein ausgespült werden, bevor sie mit diesem gefüllt werden. Bezüglich der Korke und der Siegel gelten die bereits bei „Traubenmost", Heft XXXIX, S. 6, gegebenen Vorschriften.

3. Untersuchung

Der zu untersuchende Wein soll die Temperatur von 15^0 C haben. Trüber Wein muß filtriert und moussierender Wein behufs Entfernung der Kohlensäure kräftig durchgeschüttelt und filtriert werden.

A. Sinnenprüfung

Bei der Charakterisierung des jeweiligen Zustandes, der Farbe, des Geruches und des Geschmackes der Weine durch die Kost sind folgende Ausdrücke empfehlenswert:

1. Zustand: Klar, staubig, leicht getrübt, trüb, perlend, schäumend, gesund, fehlerhaft, krank u. dgl.

2. Farbe: Weißwein: Farblos, hellgelb, grünlichgelb, weingelb, goldgelb, dunkelgelb, bräunlich, braun, dunkelbraun, schwärzlich, rötlicher Stich (Füchsel). — Schillerwein: Rötlich, hellrot. — Rotwein: Rot, dunkelrot, bräunlichrot.

3. Geruch: Der angegebenen Weinsorte entsprechend oder nicht entsprechend, normal, schwach, schwacher Weingeruch, aromatisch, feines Bukett, dumpfig, nach Hefe, nach fauler Hefe, nach Schwefelwasserstoff (Böckser), Mäuselgeruch, nach schwefliger Säure, nach Essigsäure, alkoholisch, unrein, fremdartig.

4. Geschmack:

a) Bezüglich der angegebenen Weinsorte: Entsprechend oder nicht entsprechend;

b) Bezüglich des Alkohols: Schwach, wenig stark, ziemlich stark, stark, sehr stark, brandig;

c) Bezüglich des Extraktes: Leer, wenig voll, ziemlich voll, voll, süßlich, süß, sehr süß;

d) Bezüglich der freien Säure: Mild, wenig sauer, sauer, sehr sauer;

e) Bezüglich des Gerbstoffes: Mild, wenig herb, herb, sehr herb;

f) Bezüglich eines unreinen oder fremdartigen Geschmackes: Faß-, Schimmel-, Hefe-, Böckser-, Trester-, Mäuselgeschmack, essigstichig, rahnig, salzig, nach schwefliger Säure, unrein, fremdartig.

Die Kostprobe leistet wertvolle Dienste bei der Feststellung der Sorte, der Herkunft, sowie einer anormalen Beschaffenheit (S. 18), von Fehlern und Krankheiten (S. 18), des Zusatzes von Alkohol (S. 19) und der Gegenwart fremdartiger Stoffe, wie z. B. Obst- und Beerenwein, Tresterwein, Gelägerwein (S. 22) oder von Drogen (S. 21) usw.

B. Physikalisch-chemische Untersuchung

Zur Begutachtung von Weißwein, Rotwein oder Schillerwein sind in der Regel folgende Bestimmungen und Prüfungen notwendig: Die Bestimmung des spezifischen Gewichtes, des Gehaltes an Alkohol, Extrakt, Gesamtsäure, flüchtigen und nicht flüchtigen Säuren, ausfällbarem Weinstein, Gesamtweinsäure, Zucker, Glyzerin, Sorbit, Mineralstoffen (Asche) sowie an freier und gesamtschwefliger Säure, weiters die Prüfung auf Salpetersäure (Nitrate) und fremde Farbstoffe; endlich, bei auffallend hohem Gehalte an zuckerfreiem Extrakt die Prüfung auf Mannit, Gummi, Dextrin und die unvergärbaren Bestandteile des Stärkezuckers, bei auffallend hohem Aschengehalte aber die Bestimmung von Schwefelsäure, Chlor, Alkalien, alkalischen Erden und Magnesia. Auch die Bestimmung des Eisens wird sich fallweise als notwendig erweisen. In besonderen Fällen kann sich noch die Bestimmung der Gerbsäure, der Äpfelsäure, der Bernsteinsäure, der Milchsäure und der Zitronensäure sowie die Prüfung auf Borsäure, Salizylsäure, Formaldehyd und andere Konservierungsmittel, endlich jene auf Metallgifte und Zyanverbindungen als notwendig erweisen.

Zur Begutachtung von Süßweinen, von aromatisierten und gewürzten Weinen und von Schaumweinen ist außer den oben angeführten Bestimmungen und Prüfungen noch die Bestimmung der Phosphorsäure, der Polarisation vor und nach der Inversion, die Bestimmung des Rohrzuckers und die Prüfung auf künstliche Süßstoffe erforderlich.

Die quantitativ ermittelten Bestandteile des Weines werden in Grammen im Liter, der Alkoholgehalt außerdem in Volumprozenten angegeben.

Im einzelnen ist hervorzuheben:

1. Spezifisches Gewicht

Das spezifische Gewicht des Weines wird wie bei „Traubenmost", Heft XXXIX, S. 6, bestimmt.

2. Alkohol

Der Alkoholgehalt des Weines wird in derselben Weise gefunden, wie dies bei „Traubenmost", Heft XXXIX, S. 6, angegeben ist. Junge Weine müssen vor der Destillation mit etwas Tannin versetzt, essigstichige Weine mit Kali- oder Natronlauge neutralisiert werden. Die Berechnung erfolgt wie bei Traubenmost.

3. Extrakt

Die Bestimmung des Extraktgehaltes erfolgt entweder a) gewichtsanalytisch oder b) aus dem nach der *Tabarié*schen Formel errechneten spezifischen Gewicht des entgeisteten Weines. Hiebei gelten folgende Vorschriften:

a) Von Weinen mit einem Extraktgehalt bis zu 30 g im Liter werden 50 ccm, von Weinen mit einem Extraktgehalt über 30 bis 50 g im Liter 25 ccm in einer flachen Platinschale („Weinschale") auf dem Wasserbade bis zur Sirupdicke abgedampft. Der Rückstand wird im Wassertrockenschranke $2^1/_2$ Stunden getrocknet, dann im Exsikkator erkalten gelassen und gewogen.

b) In Weinen mit einem 50 g im Liter übersteigenden Extraktgehalt wird dieser indirekt nach der *Tabarié*schen Formel berechnet, doch kann auch die deutsche Vorschrift[1]) angewendet werden. Bei ihrer Anwendung ist dies im Untersuchungszeugnisse anzuführen. Der dem errechneten spezifischen Gewichte des entgeisteten Weines entsprechende Extraktgehalt wird der Extrakttabelle von *Windisch* entnommen.[2])

Unter „zuckerfreiem Extrakt" ist der Trockenextrakt nach Abzug der gefundenen Zuckermengen, unter „zucker- und säurefreiem Extrakt" der zuckerfreie Extrakt nach Abzug der nicht flüchtigen Säuren zu verstehen.

Der Extraktgehalt ist mit einer Dezimale anzugeben.

4. bis 6. Gesamtsäure (titrierbare Säure), ausfällbarer Weinstein und Gesamtweinsäure

Der Gehalt des Weines an Gesamtsäure wird so wie im Traubenmoste (Heft XXXIX, S. 7) bestimmt. Das gleiche gilt vom ausfällbaren Weinstein und von der Gesamtweinsäure, nur mit dem Unterschiede, daß bei der Bestimmung des ausfällbaren Weinsteins von den Weißweinen, Rotweinen und Schillerweinen 50 ccm anstatt auf 20 ccm auf 10 ccm abgedampft werden.

Das Ergebnis dieser drei Bestimmungen ist mit einer Dezimale anzugeben.

7. Flüchtige Säuren

Der Gehalt des Weines an flüchtigen Säuren wird auf die Weise ermittelt, daß 25 ccm Wein in einem Destillierkolben mit Hilfe einer kleinen Flamme und durchströmenden Wasserdampfes so lange destilliert werden, bis die übergehenden kondensierten Dämpfe keine

---

[1]) *Th. W. Fresenius*, Anleitung zur chemischen Analyse des Weines, München u. Wiesbaden, 1922, S. 19 ff.

[2]) Tafel zur Ermittlung des Zuckergehaltes wäßriger Zuckerlösungen aus der Dichte bei 15 Grad Celsius; zugleich Extrakttafel für die Untersuchung von Bier, Süßwein, Likören, Fruchtsäften. Berlin, 1896.

saure Reaktion oder nur eine Spur von solcher mehr zeigen. In der Regel ist dies dann der Fall, wenn das Volumen des Destillates 300 ccm beträgt. Von essigstichigen Weinen muß man eine größere Menge destillieren. Die im Destillate enthaltenen flüchtigen Säuren werden nach Zusatz einiger Tropfen einer alkoholischen Lösung von Phenolphtalein mit 0,1 n-Kalilauge titriert und als Essigsäure in Rechnung gestellt. Zur Ermittlung des Essigstiches ist von der Gesamtmenge der flüchtigen Säuren die Menge der mitdestillierten schwefligen Säure, nach Umrechnung auf Essigsäure, abzuziehen. Das Überdestillieren der schwefligen Säure kann auch im gegebenen Falle durch geeignete Oxydation mit Wasserstoffsuperoxyd ausgeschaltet werden.

Die Menge der flüchtigen Säuren ist mit zwei Dezimalen anzugeben.

8. Nicht flüchtige Säuren

Der Gehalt des Weines an nicht flüchtigen Säuren wird gefunden, wenn man die in einem Liter Wein enthaltene Gesamtmenge der als Essigsäure berechneten, flüchtigen Säure mit 1,25 multipliziert und das Produkt von der für einen Liter Wein ermittelten Gesamtmenge der titrierbaren Säuren abzieht.

Die Menge der nicht flüchtigen Säuren ist mit einer Dezimale anzugeben.

9. und 10. Polarisation und Zucker

Zur Vorbereitung des Weines für die Polarisation und Zuckerbestimmung empfiehlt sich das von *Haas* vorgeschlagene Verfahren, das sowohl für gewöhnliche als auch für Süßweine anwendbar ist.

a) Weißweine: 200 ccm Wein werden genau neutralisiert und entweder zum Zwecke der Bestimmung des Alkohols destilliert oder in einer Porzellanschale auf dem Wasserbade bis zur Hälfte abgedampft. Bei extrakt- oder zuckerreichen Weinen ist die 200 ccm entsprechende Menge einzuwägen. Den alkoholfreien Rückstand spült man nach dem Erkalten in einen bis zur Marke 180 ccm fassenden Kolben, fügt genügend Bleiessiglösung hinzu, bringt durch Zusatz von Wasser auf 180 ccm, mischt gut durch und filtriert nach zweistündigem Stehen. Vom Filtrat bringt man 90 ccm in einen 100 ccm-Kolben und fügt hierauf 10 ccm einer gesättigten Natriumsulfatlösung hinzu. Die durchgemischte Flüssigkeit wird nach längerem Stehenlassen filtriert. Das Filtrat, das genau den Zuckergehalt des ursprünglichen Weines besitzt, kann nun sowohl für die Polarisation als auch in geeigneter Weise für die Zuckerbestimmung benützt werden.

b) Rotweine: Die Art der Behandlung ist die gleiche wie bei Weißweinen, doch ist die mit Bleiessig gefällte Flüssigkeit anstatt auf 180 ccm auf 160 ccm zu bringen. Vom Filtrat werden 80 ccm genommen und mit 20 ccm Natriumsulfatlösung versetzt. Süßweine, aromatisierte und gewürzte Weine sowie Schaumweine sind auch zu invertieren, das heißt, sie werden auf einen Raumteil Wein mit $1/10$

Raumteil Salzsäure vom spezifischen Gewicht 1,125 versetzt, erhitzt und während 10 Minuten auf einer Temperatur von 67 bis 70⁰ C erhalten; die Polarisation ist vor und nach der Inversion und nach Erfordernis auch nach der Vergärung mit reingezüchteter Hefe zu ermitteln. Der Zuckergehalt wird gewichtsanalytisch oder titrimetrisch bestimmt. Bei Anwesenheit von Rohrzucker ist die Zuckerbestimmung vor und nach der Inversion vorzunehmen.

Polarisation und Zucker werden mit einer Dezimale angegeben.

11. Glyzerin

Der Glyzeringehalt von Weinen, die nicht mehr als 20 g Zucker im Liter enthalten, wird nach *Haas* auf folgende Weise erhoben: 100 ccm Wein sind in einer Porzellanschale auf dem Wasserbade auf $1/_3$ des ursprünglichen Volumens einzuengen und dann, unter Zusatz von Kalkhydrat bis zur deutlich alkalischen Reaktion, zur breiartigen Konsistenz abzudampfen. Der Rückstand ist mit heißem Alkohol aufzunehmen, die alkoholische Lösung in ein 100 ccm-Kölbchen zu bringen, nach dem Erkalten mit Alkohol bis zur Marke aufzufüllen und zu filtrieren. 50 ccm des Filtrates destilliert man aus einem Kölbchen im Wasserbade ab. Der Rückstand wird in 20 ccm absolutem Alkohol gelöst; hierauf fügt man 30 ccm Äther hinzu. Die nach längerem Stehen klar gewordene Flüssigkeit ist in ein gewogenes, weit- und kurzhalsiges Kölbchen von beiläufig 200 ccm Inhalt abzugießen, im Wasserbade abzudestillieren und im Wassertrockenschrank bis zur Gewichtskonstanz, die nach 3 bis 4 Stunden eintritt, zu trocknen. Bei Weinen mit hohem Glyzeringehalte ist aber ein längeres Trocknen des Glyzerins nötig.

Der Glyzeringehalt von Weinen, die mehr als 20 g Zucker in einem Liter enthalten, wird nach folgender, von *Schacherl*[1]) modifizierten Methode bestimmt: 100 ccm Wein werden in einem Kolben auf dem Wasserbade erwärmt, mit feinpulverigem Kalkhydrat bis zum Auftreten des „Kalkgeruches" versetzt und unter Nachspülen mit 96-prozentigem Alkohol in einen Meßkolben von 400 ccm Inhalt gebracht. Nach dem Erkalten wird bis zur Marke mit Alkohol aufgefüllt. Man dampft hierauf 200 ccm des Filtrates, entsprechend 50 ccm Wein, zum dünnen Sirup ein und behandelt diesen, wie für die Glyzerinbestimmung in Weinen mit nicht mehr als 20 g Zucker im Liter angegeben wurde, weiter.

Die Glyzerinbestimmung kann auch nach dem Jodidverfahren erfolgen, doch muß dies im Untersuchungszeugnisse angegeben werden.

Bei der Bestimmung des Glyzerins nach dem ursprünglich von *Zeisel* und *Fanto*[2]) ausgearbeiteten Jodidverfahren wird das Glyzerin in Isopropyljodid übergeführt, dieses durch Silbernitratlösung zersetzt und die Menge des entstandenen Silberjodids bestimmt.

---
[1]) Zeitschrift für analytische Chemie, 1903, S. 572.
[2]) Zeitschrift für analytische Chemie, 1903, S. 575.

Zur Ausführung der Bestimmung werden die folgenden Reagentien verwendet:

1. Jodwasserstoffsäure vom spezifischen Gewicht 1,96;
2. Aufschwemmung von rotem Phosphor[1]) in der zehnfachen Menge Wasser;
3. alkoholische Silbernitratlösung, erhalten durch Auflösen von 40 g Silbernitrat in 100 ccm Wasser und Auffüllen mit reinem absolutem Alkohol auf 1 Liter.[2])

Die Bestimmung selbst wird wie folgt vorgenommen:

100 ccm Wein werden in einen Rundkolben von 200 ccm Inhalt gebracht und mit einer kleinen Menge Tannin und Baryumacetat (von letzterem genügen in der Regel 2 ccm einer etwa 30-prozentigen Lösung) versetzt. Hierauf destilliert man unter Verwendung von Korkstopfen oder Glasschliff 70 ccm ab, führt den Rückstand unter Nachspülen mit Wasser in ein Meßkölbchen von 50 ccm (bei Süßwein von 100 ccm) Inhalt über und füllt mit Wasser bei 15⁰ C bis zur Marke auf.

Nach dem Absetzen des Niederschlages werden 5 ccm der über dem Niederschlage stehenden klaren Flüssigkeit und 15 ccm Jodwasserstoffsäure in das Siedekölbchen[3]) gebracht, nachdem das Waschgefäß mit 5 ccm der durchgeschüttelten Phosphoraufschwemmung beschickt und das Zersetzungsgefäß mit etwa 50 ccm klarer alkoholischer Silbernitratlösung gefüllt worden ist. Sodann wird der Apparat zusammengefügt, durch das Gaseinleitungsrohr gewaschenes und getrocknetes Kohlendioxyd — etwa 3 Blasen in der Sekunde — eingeleitet und der Inhalt des Kölbchens, zweckmäßig mittels eines Phosphorsäurebades oder dergleichen, zum langsamen Sieden gebracht. Der Siedering soll allmählich bis zur halben Höhe des Kühlrohres emporsteigen. Zum Erhitzen bedient man sich zweckmäßig eines genau regulierbaren Brenners, dessen Mündung mit einem Kupferdrahtgewebe bedeckt ist, damit die Flamme auch bei der kleinsten Einstellung nicht zurückschlagen kann.

---

[1]) Die Brauchbarkeit des Phosphors ist durch einen blinden Versuch festzustellen. Bildet sich hiebei in der Zersetzungsvorrichtung ein schwarzer Beschlag — ein leichter brauner Anflug kann vernachlässigt werden —, so ist der Phosphor in folgender Weise zu reinigen: 10 g roter Phosphor werden in einer braunen Flasche mit etwa 500 ccm Wasser übergossen und nach dem Absetzen mit 10 ccm einer wäßrigen Jod-Jodkaliumlösung, die 5% freies Jod enthält, versetzt. Darauf wird sofort kräftig umgeschüttelt. Man wiederholt das Zusetzen der Jodlösung nach jedesmaligem Absetzen des Phosphors und das Umschütteln etwa 10 mal. Nach dem Abheben der überstehenden Lösung und dreimaligem Auswaschen mit Wasser ist der Phosphor gebrauchsfertig.

[2]) Ist die Lösung nicht völlig klar, so muß sie filtriert werden.

[3]) Ein zweckmäßiger Apparat für die Ausführung dieser Bestimmung ist in W. *Fresenius*, Anleitung zur chemischen Analyse des Weines, III. Aufl., 1922, S. 51, abgebildet.

In der Regel ist alles Glyzerin in Isopropyljodid übergeführt, wenn im Zersetzungsgefäß eine Abscheidung von Silberjodid nicht mehr wahrzunehmen ist. Dies ist bei trockenen Weinen in der Regel schon nach $1^{1}/_{2}$ bis 2 Stunden, bei Süßweinen etwa 3 Stunden nach Beginn des Versuches der Fall. Man unterbricht den Versuch bei trockenen Weinen nach $2^{1}/_{2}$ Stunden, bei Süßweinen nach 4 Stunden.

Die Silbernitratlösung und der Niederschlag werden unter Nachspülen mit Wasser in ein Becherglas von etwa 600 ccm Inhalt übergeführt und die Flüssigkeit nach Zusatz von 5 bis 10 Tropfen verdünnter Salpetersäure mit Wasser auf ungefähr 500 ccm gebracht. Man erhitzt das Gemisch eine halbe Stunde auf dem Wasserbade, läßt es an einem vor Licht geschützten Orte erkalten und filtriert durch einen bei 130° C bis zum gleichbleibenden Gewichte getrockneten *Gooch*tiegel mit Asbesteinlage oder einen Platinfiltertiegel oder ein gleichbehandeltes Asbestfilterröhrchen. Der Niederschlag wird mit salpetersäurehaltigem Wasser, sodann mit reinem Wasser bis zum Verschwinden der sauren Reaktion, schließlich mit Alkohol ausgewaschen und bei 130° C bis zum gleichbleibenden Gewichte getrocknet. Alsdann läßt man im Exsikkator erkalten und wägt.

Berechnung: Wurden a Gramm Silberjodid gewogen, so sind in 1 Liter Wein enthalten Gramme Glyzerin:

bei trockenem Weine $= 39{,}21 \times a$ Gramm,
„ Süßweinen $= 78{,}42 \times a$ Gramm.

Der Glyzeringehalt ist mit einer Dezimale anzugeben.

12. Asche

Der Gehalt an Mineralstoffen (Asche) wird in gleicher Weise wie bei „Traubenmost", Heft XXXIX, S. 9, ermittelt und ist mit zwei Dezimalen anzugeben.

13. Alkalität der Asche

Die Bestimmung der Alkalität erfolgt in derselben Weise wie bei Fruchtsäften (Heft XVI, S. 61) und ist mit einer Dezimale anzugeben.

14. Phosphorsäure

Zur Bestimmung des Phosphorsäuregehaltes erhitzt man die salpetersaure Lösung der Asche von 50 ccm Wein mit Molybdänlösung und verfährt mit dem Niederschlag in bekannter Weise.

Der Phosphorsäuregehalt (P_2O_5) ist mit zwei Dezimalen anzugeben.

15. Schwefelsäure

Der Gehalt an Schwefelsäure ist in 50 ccm Wein nach dem Ansäuern mit Salzsäure mittels Baryumchloridlösung, wie üblich, festzustellen und als SO_3 mit zwei Dezimalen anzugeben.

16. Schweflige Säure

Die Bestimmung des Gehaltes an freier schwefliger Säure und gebundener schwefliger Säure in Weißwein wird nach der Methode von *Ripper*[1]), wie folgt, vorgenommen:

a) Freie schweflige Säure. 50 ccm Wein werden mit 5 ccm verdünnter Schwefelsäure versetzt und unter Zusatz von Stärkelösung als Indikator mit 0,02 n-Jodlösung titriert. 1 ccm dieser Jodlösung entspricht 0,00064 g SO_2. Will man die Menge schwefliger Säure im Liter berechnen, so hat man die Anzahl der verbrauchten Kubikzentimeter mit 0,0128 zu multiplizieren.

b) Gebundene schweflige Säure. Die gesamte schweflige Säure wird ermittelt, indem 50 ccm Wein mit 25 ccm n-Kalilauge versetzt und eine halbe Stunde stehen gelassen werden. Hierauf setzt man 10 ccm verdünnter Schwefelsäure hinzu und titriert unter Anwendung von Stärkelösung als Indikator mit 0,02 n-Jodlösung. Nach Abzug der für die freie schweflige Säure gefundenen Zahl von der Zahl, die der gesamten schwefligen Säure entspricht, erhält man die Menge der gebundenen schwefligen Säure. In Rot- und Süßweinen wird die gesamtschweflige Säure wie bei „Traubenmost", Heft XXXIX, S. 10, ermittelt.

Die Menge der schwefligen Säure ist mit drei Dezimalen anzugeben.

17. Eisen

200 ccm Wein werden[2]) in der Platinschale vorsichtig verascht. Die Asche wird in starker, eisenfreier Salzsäure gelöst und diese Lösung mit Wasser in eine gut glasierte Porzellanschale gespült. Man verdampft die Flüssigkeit nach Zusatz von 3 bis 4 ccm 3-prozentiger, salpetersäurefreier Wasserstoffsuperoxydlösung auf dem Wasserbade zur Trockene, nimmt mit wenig Wasser auf und bringt wiederum zur Trockene. Dann durchfeuchtet man mit 0,3 ccm eisenfreier Salzsäure vom spezifischen Gewicht 1,19 und spült den Schaleninhalt mit möglichst wenig Wasser in eine 200 ccm fassende Glasflasche mit eingeschliffenem Glasstopfen. Man setzt der Flüssigkeit, deren Raummenge 20 ccm nicht übersteigen soll, 1 bis 1,5 g festes jodatfreies Kaliumjodid zu, verschließt die Flasche und erwärmt durch Einstellen in ein Wasserbad von etwa 65⁰ C durch 5—10 Minuten auf etwa 60⁰ C. Alsdann versetzt man mit 100 ccm kaltem Wasser und Stärkelösung und titriert die Menge des ausgeschiedenen Jods mit 0,01 n-Natriumthiosulfatlösung bis zum erstmaligen Verschwinden der Farbe der Jodstärke.

---

[1]) Journal für praktische Chemie, 1892, S. 428.
[2]) *Fresenius*, Anleitung zur chemischen Analyse des Weines, III. Aufl., 1922, S. 95.

Berechnung: Wurden zur Titration a ccm 0,01 n-Natriumthiosulfatlösung verbraucht, so sind in 1 Liter Wein enthalten:

2,79 × a Milligramm Eisen.[1])

18. Prüfung auf Eisenzyanverbindungen

Zur Prüfung auf die Abwesenheit von Eisenzyanverbindungen wird auf Ferri- bzw. Ferrosalz geprüft, da bei deren Anwesenheit Eisenzyanverbindungen nicht vorhanden sein können.

10 ccm des filtrierten Weines werden in einem Probierrohr mit 1 ccm 10-prozentiger eisenfreier Salzsäure und 2 Tropfen einer Lösung von 5 g Kaliumferrozyanid und 5 g Kaliumferrizyanid in 100 ccm Wasser versetzt. Entsteht im Verlaufe von 24 Stunden ein deutlicher Niederschlag von Berlinerblau und bleibt nach dieser Zeit beim Filtrieren durch ein kleines eisenfreies Filter und Auswaschen mit wenig kaltem Wasser ein deutlicher Niederschlag von Berlinerblau auf dem Filter zurück, so enthält der Wein keine gelösten Eisenzyanverbindungen.

Bleibt dagegen kein deutlicher Niederschlag von Berlinerblau auf dem Filter zurück, so ist die Untersuchung auf etwa vorhandene Eisenzyanverbindungen in nachstehender Weise vorzunehmen:

10 ccm des filtrierten Weines werden in einem Probierrohre mit 1 ccm 10-prozentiger Salzsäure und 0,3 ccm 1-prozentiger Ferriammoniumsulfatlösung versetzt. Man läßt das Gemisch 24 Stunden stehen, filtriert durch ein kleines Filter und wäscht dieses bei Rotweinen mit wenig kaltem Wasser aus. Bleibt auf dem Filter ein deutlicher Niederschlag von Berlinerblau zurück, so ist der Nachweis gelöster Eisenzyanverbindungen erbracht.

19. Salpetersäure

Zur Prüfung auf Salpetersäure in Weißweinen ist der Wein direkt zu verwenden, indem zwei bis drei Tropfen mit einer frisch bereiteten Lösung von Diphenylamin (0,01%) in konzentrierter, salpetersäurefreier Schwefelsäure in Berührung gebracht werden. Rotweine und Schillerweine muß man vorher mit salpetersäurefreier Tierkohle entfärben. Weine, die erhebliche Mengen von Zucker enthalten, sind nach der bei „Traubenmost", Heft XXXIX, S. 11, angegebenen Methode zu behandeln.

---

[1]) Ein Teil Ferrieisen (Fe$^{...}$) benötigt bei der Blauschönung nach der Theorie 5,67 Teile reines Ferrozyankalium zur Ausfällung, während ein Teil Eisen in der Ferroform (Fe$^{..}$) hiezu 7,56 Teile reines Ferrozyankalium verbraucht. Die zur Blauschönung notwendige Menge von Ferrozyankalium läßt sich daher, da weiters auch Kupfersalze mit gelbem Blutlaugensalz Fällungen geben, am einfachsten durch Schönungsversuche ermitteln. Nach den gesetzlichen Vorschriften darf nie die gesamte Eisenmenge zur Ausfällung kommen.

20. Salizylsäure

Die Prüfung auf Salizylsäure wird durch Ausschütteln von 50 ccm Wein, nach dem Ansäuern mit verdünnter Schwefelsäure, mittels Schwefelkohlenstoff in gleicher Weise wie bei Traubenmost vorgenommen.

21. Saccharin

Zum Nachweis des Saccharins dient die von *Schmitt*[1]) empfohlene Methode. Sie besteht im Ausschütteln von 100 ccm entgeistetem und mit 10 ccm verdünnter Schwefelsäure angesäuertem Wein mittels einer Mischung gleicher Teile Äther und Petroläther und in der Überführung des Saccharins in Salizylsäure nach dem bei „Zuckerarten", Heft XXXV, S. 81, angegebenen Verfahren.

22. Stickstoff

Die Stickstoffbestimmung im Weine wird nach *Kjeldahl* ausgeführt. Bei gewöhnlichem Wein sind hiezu mindestens 50 ccm, bei Süßweinen mindestens 25 ccm zu verwenden.

Der Stickstoffgehalt ist mit zwei Dezimalen anzugeben.

23. Gerbsäure

Die Gerbsäure wird nach der von *Neubauer* modifizierten *Löwenthal*schen Methode[2]) bestimmt. Zur Ausführung benötigt man folgende Lösungen: a) Kaliumpermanganatlösung: 1,333 g Kaliumpermanganat werden in Wasser zu 1 Liter gelöst; b) Indigokarminlösung: 30 g teigförmigen, reinsten Indigokarmin löst man in Wasser zu 1 Liter, filtriert die Lösung, füllt sie in kleine Glasflaschen und erwärmt diese — nach sorgfältigem Verschluß mit Kork und Überbinden des letzteren mit Pergament — etwa eine Stunde lang im Wasserbade auf 70⁰ C, wodurch die Lösung haltbarer wird; c) Gerbstofflösung: Man löst in Wasser so viel chemisch reines Tannin, daß in 100 ccm der Lösung genau 0,2 g wasserfreies Tannin vorhanden sind. Um das Gewicht des zu lösenden Tannins zu finden, ist es nötig, seinen Wassergehalt zu bestimmen.

Die Titrierung wird in folgender Weise vorgenommen: 20 ccm Indigokarminlösung werden in einem großen Glasstutzen, der eine Marke für 1 Liter Flüssigkeit hat, mit 10 ccm verdünnter Schwefelsäure (1:4) versetzt und mit Wasser auf 1 Liter verdünnt, dann läßt man die Permanganatlösung aus einer Glashahnbürette unter stetigem, starkem Umrühren tropfenweise zufließen. Die Lösung wird zuerst dunkelgrün, später immer heller grün, schließlich tritt eine grüngelbe Färbung ein, die beim nächsten Tropfen der Permanganatlösung in reines Goldgelb übergeht. Der Versuch ist in gleicher Weise zu wiederholen. Man findet so die Menge Permanganatlösung, die den 20 ccm

---

[1]) Repertorium für analytische Chemie, 1887, S. 437.
[2]) Annalen der Oenologie, 1873, S. 1.

Indigokarminlösung entspricht. Hierauf nimmt man wieder 20 ccm Indigokarminlösung, fügt 10 ccm der Tanninlösung und 10 ccm verdünnte Schwefelsäure hinzu, verdünnt zu 1 Liter und titriert neuerlich. Man erfährt so die Menge Permanganatlösung, die zur Titration von 20 ccm Indigokarmin- und 10 ccm Tanninlösung verbraucht wurde. Zieht man das erste Resultat von dem zweiten ab, so erhält man die zur Titration von 10 ccm Tanninlösung erforderliche Menge Permanganatlösung. Daraus ergibt sich deren Titer. 20 ccm der Indigokarminlösung sollen mehr Permanganatlösung verbrauchen als 10 ccm der Tanninlösung. Bei der Anwendung des Verfahrens auf Wein verfährt man folgendermaßen: 100 ccm Wein werden entgeistet und wieder auf das ursprüngliche Volumen aufgefüllt. Von dieser Lösung gibt man 10 ccm in einen Glasstutzen, fügt 20 ccm Indigokarminlösung und 10 ccm verdünnte Schwefelsäure zu, füllt zu 1 Liter auf und titriert mit der Permanganatlösung. Nun behandelt man 10 ccm des entgeisteten Weines mit gereinigter Tierkohle, filtriert, wäscht aus und titriert das farblose Filtrat nach Zusatz von 20 ccm Indigolösung, 10 ccm verdünnter Schwefelsäure und Auffüllen mit Wasser auf 1 Liter wie angegeben. Aus der Differenz kann man den Gerbstoffgehalt des Weines berechnen. Er ist mit einer Dezimale anzugeben.

24. Fluor

Zur Prüfung auf Fluorverbindungen werden 25 ccm Wein mit Kalkmilch neutralisiert, im Platintiegel zur Trockene verdampft und verascht. Die Asche wird vorsichtig mit konzentrierter Schwefelsäure versetzt und der Tiegel sofort mit einem Uhrglas bedeckt, das mit einer dünnen Wachsschicht überzogen ist, in die vorher mit einem spitzen Holz- oder Beinstift beliebige Zeichen gemacht worden sind. Man erwärmt hierauf den Tiegel vorsichtig so, daß das Wachs nicht schmelzen kann. Bei Gegenwart von Fluor wird das Uhrglas an den Stellen, wo die Zeichen in der Wachsschicht angebracht sind, geätzt; die eingeätzten Zeichen treten besonders nach dem Entfernen der Wachsschicht und Anhauchen deutlich hervor. Ein empfindlicherer Nachweis von Fluor kann nach der Silicofluoridmethode[1]) erfolgen.

25. Farbstoffe

Prüfung der Rotweine auf Farbstoffe:

a) Auf Pflanzenfarbstoffe:

Der Nachweis von roten Pflanzenfarbstoffen ist nicht immer mit voller Sicherheit möglich. Wird Rotwein mit Bleiessiglösung im Überschuß versetzt und nach kurzer Zeit filtriert, so ist die Farbe des Bleiniederschlages bei echtem Rotwein graublau, blaugrau, aschfärbig oder grünlich. Heidelbeerfarbstoff gibt mit Bleiessig einen rein blauen, Malven- oder Hollunderbeerfarbstoff einen grünen Niederschlag. In

---
[1]) Archiv für Chemie und Mikroskopie, 1914, 7. Jg., Heft 6, S. 285.

auffallender Weise unterscheidet sich nur der Farbstoff der Kermesbeeren (Phytolacca) von dem des Rotweines durch einen rotvioletten Bleiniederschlag. Ein Zusatz von Heidelbeerfarbstoff zu Rotwein kann nach *Plahl*[1]) auf folgende Weise nachgewiesen werden: Der Wein wird mit Lauge schwach alkalisch gemacht, auf dem Wasserbade zur Hälfte abgedampft, nach dem Erkalten mit Wasser auf das ursprüngliche Volumen aufgefüllt und mit Bleiessig versetzt. Im Filtrate vom Bleiessigniederschlage scheidet man das Blei mit Natriumsulfat aus und erhitzt hierauf die Flüssigkeit nach dem Ansäuern mit Salzsäure auf dem Wasserbade auf 70° C. Eine Blaufärbung der Flüssigkeit deutet auf die Anwesenheit von Heidelbeerfarbstoff im Weine hin.

b) Auf Teerfarbstoffe:

Zum Nachweis einer eventuellen Gegenwart von Teerfarbstoffen sind folgende Methoden anzuwenden:

1. Die Wollprobe. 50 ccm Wein werden mit 2 bis 3 g Weinstein versetzt und nach dem Einhängen eines weißen, entfetteten Wollfadens 10 Minuten lang erhitzt. Der Wollfaden wird dann aus der Flüssigkeit herausgenommen und mit destilliertem Wasser ausgewaschen. Bleibt die Wolle auch nach dem Auswaschen rot gefärbt, so ist im Wein ein Teerfarbstoff vorhanden. Eine von Naturwein herrührende rötliche Färbung der Wolle wird durch Befeuchten mit verdünntem Ammoniak in eine grünliche oder schmutzigbräunliche verwandelt.

2. Die Quecksilberoxydprobe von *Cazeneuve*.[2]) Man schüttelt 10 ccm Wein in der Kälte mit 0,2 bis 0,5 g[3]) gelbem Quecksilberoxyd eine Minute lang; wenn sich das Quecksilberoxyd abgesetzt hat, wird die Flüssigkeit durch ein drei- oder vierfaches angefeuchtetes Filter filtriert. Weitere 10 ccm Wein werden mit 0,2 g gelbem Quecksilberoxyd einmal aufgekocht und dann eine Minute lang geschüttelt; nach dem vollständigen Absetzen des Quecksilberoxyds filtriert man die Flüssigkeit durch ein drei- oder vierfaches Filter. Ist ein Filtrat trüb und grau, so hat man nicht lange genug geschüttelt oder aufgekocht oder das Quecksilberoxyd nicht genügend sich absetzen lassen; in diesem Falle wiederholt man den Versuch. Ergibt sich bei einer dieser Proben ein klares, aber gefärbtes Filtrat, so zeigt es die Gegenwart von Teerfarbstoffen an.

26. Alkalien, alkalische Erden und Magnesia

Die Bestimmung der Alkalien, alkalischen Erden und Magnesia wird in der Weinasche nach den üblichen analytischen Methoden vorgenommen.

---

[1]) Zeitschrift f. analyt. Chemie, 1908, 15. Bd., S. 262.
[2]) *Windisch*, Die chemische Untersuchung und Beurteilung des Weines, Berlin, 1869, S. 157.
[3]) *Ehrmann*, Österreichisch-ungarische Zeitschrift für Zuckerindustrie und Landwirtschaft, 1907, S. 329.

27. Metalle

Ebenso verfährt man bei der Prüfung auf Metalle nach der Zerstörung der organischen Bestandteile des Weines. Als Vorprüfung auf Kupfer und Blei empfiehlt es sich, den mit Salzsäure angesäuerten Wein mit Schwefelwasserstoff zu behandeln. (Betreffend Eisenbestimmung siehe S. 30.)

28. Chlor

Der Chlorgehalt wird entweder in der Asche des mit Natriumkarbonat alkalisch gemachten Weines in üblicher Weise oder nach *Haas*[1]) direkt in dem mit Salpetersäure angesäuerten Wein mittels Silbernitrat bestimmt und ist mit zwei Dezimalen anzugeben.

29. Zitronensäure

Zur Prüfung auf Zitronensäure ist das von *Kunz*[2]) angegebene Verfahren anzuwenden.

Die Zitronensäure ist mit einer Dezimale anzugeben.

30. Milchsäure

Die Bestimmung der Milchsäure[3]) gründet sich darauf, daß diese in verdünnten Lösungen mit Wasserdämpfen nicht merklich flüchtig ist und daß ihr Baryumsalz in starkem Alkohol löslich ist, während die Baryumsalze der anderen, im Wein vorkommenden, nicht flüchtigen organischen Säuren darin unlöslich sind. Das Baryumsalz wird schließlich mit Natriumsulfat in das Natriumsalz umgewandelt, die Flüssigkeit zur Trockene verdampft, der Rückstand verkohlt, in vorgeschriebener Weise vorsichtig verascht und das entstandene Natriumkarbonat titriert. Man arbeitet am besten in folgender Weise:

Man bringt 50 ccm Wein in einen Rundkolben von 200 ccm Inhalt und destilliert die flüchtigen Säuren im lebhaften Wasserdampfstrom ab.

Der Destillationsrückstand wird unter Verwendung von kleinen Mengen Wasser zum Nachspülen in eine Porzellanschale übergeführt, mit einigen Tropfen Phenolphtaleinlösung, sodann mit kalt gesättigter Barytlauge bis zur schwachen Rotfärbung und mit 5 ccm 10-prozentiger wäßriger Baryumchloridlösung versetzt. Um etwa vorhandenes Milchsäureanhydrid zu verseifen, gibt man noch 2 bis 3 ccm Barytlauge hinzu, erwärmt das Gemisch 10 Minuten auf dem siedenden Wasserbade, wobei die Rotfärbung bestehen bleiben muß, neutralisiert durch

---

[1]) Bericht über d. III. Intern. Kongreß f. angew. Chemie, Wien, 1898, II. Bd., S. 614.

[2]) Archiv f. Chemie und Mikroskopie, 1914, 7, 298.

[3]) Nach dem ursprünglich von *W. Möslinger* (Zeitschrift f. Untersuchung d. Nahrungs- u. Genußmittel, 1901, 4, 1120; Zeitschrift f. analyt. Chemie, 1902, 41, 511) vorgeschlagenen Verfahren. S. a.: *Fresenius*, Anleitung zur chem. Analyse des Weines, III. Aufl., 1922, S. 36.

Einleiten von Kohlendioxyd und engt auf dem Wasserbade auf etwa 10 ccm ein.

Der Schaleninhalt wird in einen mit einem Glasstopfen verschließbaren Meßzylinder von 100 ccm Inhalt übergeführt und die Schale mit heißem Wasser nachgespült, bis die Flüssigkeitsmenge im Zylinder durch die Zugabe des Spülwassers auf 25 ccm gebracht ist. Unter beständigem Umschwenken gibt man sodann in dünnem Strahle neutral reagierenden Alkohol von 96 Volumprozenten hinzu, bis der Zylinder nahezu 100 ccm enthält, stellt diesen eine halbe Stunde in ein Wasserbad von 15⁰ C, füllt alsdann mit Alkohol von gleicher Stärke auf 100 ccm auf und läßt den Zylinder 2 Stunden stehen, während welcher Zeit wiederholt kräftig umgeschüttelt wird. Die Flüssigkeit wird nun durch ein bedecktes, trockenes, glattes Filter in ein trockenes Gefäß filtriert und auf eine Temperatur von 15⁰ C gebracht. Von dem Filtrat werden 75 ccm in ein Kölbchen pipettiert und mit 25 ccm 5-prozentiger Natriumsulfatlösung versetzt. Man schüttelt die Mischung gut um und läßt sie verkorkt $1/4$ Stunde stehen. Die Flüssigkeit wird alsdann durch ein bedecktes trockenes Faltenfilter in ein trockenes Gefäß filtriert und auf eine Temperatur von 15⁰ C gebracht.

75 ccm dieses Filtrats werden in eine Platinschale pipettiert und auf dem Wasserbade unter Vermeidung des Siedens zur vollständigen Trockene eingedampft. Der Rückstand wird vorsichtig verkohlt, die Kohle mit einem kleinen, unten flachen Glasstab fein zerrieben und in vorgeschriebener Weise verascht. Nach dem Erkalten werden 20 ccm 0,25 n-Salzsäure (die in der Regel ausreichen) hinzugesetzt und die mit einem Uhrglas bedeckte Schale 5 Minuten auf dem Wasserbad erhitzt. Man spült sodann das Uhrglas mit Wasser ab und titriert die Flüssigkeit mit 0,25 n-Lauge unter Verwendung von Phenolphtalein bis zur beginnenden Rotfärbung.

Berechnung: Wurden a ccm 0,25 n-Salzsäure und b ccm 0,25 n-Lauge verwendet, so sind in 1 Liter Wein enthalten:

$$x = 0{,}8\,(a - b) \text{ Gramm Milchsäure}$$

oder es entspricht der Gehalt an Milchsäure in 1 Liter Wein:

$$y = \frac{80}{9} \cdot (a - b) \text{ Milligramm-Äquivalenten Säure } (= \text{ccm Normalsäure}).$$

Die Bestimmung ist nur bei trockenen Weinen ausführbar. Der Milchsäuregehalt ist mit einer Dezimale anzugeben.

31. und 32. Äpfelsäure, Bernsteinsäure

Diese Säuren werden nach den Verfahren von *Kunz*[1]) bestimmt.

---

[1]) Zeitschrift f. Untersuchung d. Nahrungs- u. Genußmittel, sowie d. Gebrauchsgegenstände, 1901, 4, 673. Ebenda, 1903, 721 u. 728.

33. Formaldehyd

Für die Prüfung auf Formaldehyd eignet sich nach *Schuch*[1]) die von *Arnold* und *Mentzel*[2]) angegebene Reaktion, als die empfindlichste, am besten; sie hat daher mit den von *Schuch* vorgeschlagenen Modifikationen wie folgt Anwendung zu finden: Man bringt 300 ccm Wein in einen Kochkolben und destilliert dann bei sehr kleiner Flamme und guter Kühlung 10 ccm in einen graduierten Zylinder ab. Von dieser Menge bringt man 5 ccm in eine Proberöhre, fügt ca. 0,03 g salzsaures Phenylhydrazin (am besten 1,5 ccm einer Lösung 1 : 50) hinzu, schüttelt gut durch, versetzt mit 4 Tropfen einer Eisenchloridlösung nebst 10 bis 12 Tropfen konzentrierter Schwefelsäure und kühlt diese Mischung etwas ab. Es tritt, je nach der Konzentration, eine rosa- bis dunkelrote Färbung ein. Die Phenylhydrazinlösung muß jedesmal frisch zubereitet werden.

34. Borsäure

Der Nachweis der Borsäure erfolgt als Methylester (Flammenreaktion).

35. Stärkezucker, Gummi und Dextrin

Zur Prüfung auf einen Zusatz von unreinem Stärkezucker, von arabischem Gummi und Dextrin kann das Verfahren von *Windisch*[3]) dienen. Ein Verdacht, daß unreiner Stärkezucker oder Dextrin zugefügt worden ist, besteht erst dann, wenn die Rechtsdrehung im 200 mm-Rohr mehr als $+0,3$ Kreisgrade beträgt und gleichzeitig kein Rohrzucker zugegen ist.

36. Sorbit

Der Nachweis erfolgt in gleicher Weise wie bei „Traubenmost", Heft XXXIX, S. 11.

37. Mannit

Die Prüfung auf die Gegenwart von Mannit wird in folgender Weise vorgenommen: Einige Tropfen Wein läßt man auf einem Uhrglas bei gewöhnlicher Temperatur verdunsten. Bei Gegenwart von mindestens 1 g Mannit im Liter Wein kristallisiert derselbe innerhalb von 24 Stunden in Form sehr feiner seidenglänzender Nadeln.

Bei Vorhandensein von Mannit im Wein gibt das Kalkverfahren bei der Glyzerinbestimmung zu hohe Werte.

4. Beurteilung

Die Beurteilung der Traubenweine hat durch die chemische Untersuchung in Verbindung mit der Sinnenprüfung zu erfolgen. Die letztere

---

[1]) Zeitschrift f. d. landw. Versuchswesen in Österreich, 1905, S. 1060.
[2]) Zeitschrift f. Untersuchung d. Nahrungs- u. Genußmittel, sowie d. Gebrauchsgegenstände, 1902, 5, 353.
[3]) *Windisch*, Die chemische Untersuchung u. Beurteilung d. Weines, Berlin, 1896, S. 100 u. 144.

allein ist aber nur dann ausschlaggebend, wenn die analytische Prüfung sichere Schlüsse nicht gestattet und die Kostprobe durch erfahrene Sachverständige ausgeführt wird.

Zur Ausführung der Sinnenprobe können besondere Sachverständige aus den Kreisen des Weinbaues und Weinhandels in Anspruch genommen werden, insbesonders die vom Bundesministerium für Land- und Forstwirtschaft der landwirtschaftlich-chemischen Bundesversuchsanstalt in Wien beigegebenen Sachverständigen aus diesen Kreisen.

Für die Deutung der Ergebnisse der chemischen Analyse von Weinen unbekannter Herkunft gelten folgende allgemeine Normen:

A. Weißweine, Rotweine und Schillerweine

Verfälscht sind insbesonders:

1. Weißweine mit weniger als 15,0 g, Schillerweine mit weniger als 16,0 g und Rotweine mit weniger als 17,0 g Trockenextrakt im Liter;

2. Weißweine mit weniger als 14,5 g, Schillerweine mit weniger als 15,5 g und Rotweine mit weniger als 16,5 g „zuckerfreiem Extrakt" im Liter;

3. Weißweine mit weniger als 10,0 g, Schillerweine mit weniger als 11,0 g und Rotweine mit weniger als 12,0 g „zucker- und säurefreiem Extrakt" im Liter, wenn der Gehalt an nicht flüchtigen Säuren nicht mehr als 6,5 g im Liter beträgt. Weine mit einem höheren Gehalte an nicht flüchtigen Säuren können, besonders in schlechten Jahren, wenn die Trauben nicht ganz ausgereift sind, weniger „zucker- und säurefreien Extrakt" enthalten, und zwar wird z. B. die Grenze von 10,0 g „zucker- und säurefreiem Extrakt" im Liter in der Regel höchstens um so viel unterschritten, als die Menge der nicht flüchtigen Säuren den Betrag von 6,5 g im Liter übersteigt. Selbst bei sehr hohen Säuregehalten sinkt aber der „zucker- und säurefreie Extrakt" nicht unter 6 g im Liter;

4. Weißweine mit weniger als 1,30 g, Schillerweine mit weniger als 1,40 g und Rotweine mit weniger als 1,60 g Mineralstoffen (Asche) im Liter. Der Gehalt an Phosphorsäure (als P_2O_5 berechnet) beträgt nie weniger als 0,08 g im Liter. Weißweine, die weniger als 1,30 g Mineralstoffe im Liter enthalten (wobei die 0,20 g übersteigende, in der Asche enthaltene Kochsalzmenge bei der Berechnung des Aschengehaltes von der gefundenen Gesamtmenge an Mineralstoffen abzuziehen ist), sind nur dann nicht zu beanstanden, wenn sie aus Gegenden stammen, in denen Naturweine mit einem geringeren Aschengehalte vorkommen und wenn sie die übrigen Bestandteile in normalen Mengenverhältnissen enthalten;

5. Weine, die auf 100 g Alkohol weniger als 6 g Glyzerin[1]) enthalten,

---

[1]) Bei dieser Grenzzahl ist die durch erlaubte Kellerverfahren mögliche Erhöhung des Alkoholgehaltes bereits berücksichtigt.

wegen Zusatzes von Alkohol und Weine, die auf 100 g Alkohol mehr als 14 g Glyzerin enthalten, wegen Zusatzes von Glyzerin. Ein Alkohol-Glyzerinverhältnis von mehr als 100 g zu 14 g, ohne daß ein Glyzerinzusatz stattgefunden hat, kann nur bei sehr alten Weinen und bei Ausleseweinen vorkommen;

6. Weine, die einen Wasserzusatz erhalten haben;
7. Weine, die mehr als 1,0 g Kochsalz (NaCl) im Liter enthalten;
8. Weine, welche einen Obstweinzusatz erhalten haben (Sorbit);
9. Weine, welche einen Zusatz von Kunstwein, von künstlich konzentriertem Most oder ebensolchem Wein oder von Mostsubstanzen erhalten haben;
10. Weine, die bei direkter Prüfung oder nach Entfärbung mittels salpetersäurefreier Tierkohle mit Diphenylamin und konzentrierter Schwefelsäure eine deutliche Blaufärbung zeigen, wenn noch ein anderes Untersuchungsergebnis oder die Sinnenprüfung für einen Wasserzusatz spricht;
11. Weine, deren Gehalt an Sulfaten oder Schwefelsäure von unzulässigen Zusätzen (Gips u. dgl.) herrührt. Ist aber ein übermäßiger Gehalt an Sulfaten oder Schwefelsäure auf in der Kellerwirtschaft erlaubte Mittel zurückzuführen, so sind derartige Weine, wenn ihr Gehalt an Schwefelsäure (SO_3) 0,92 g oder an Kaliumsulfat (K_2SO_4) 2,00 g im Liter überschreitet, als verdorben zu beurteilen;
12. Weine, bei deren Herstellung nicht gestattete Verfahrensarten angewendet oder denen durch das „Weingesetz 1929" verbotene Stoffe zugesetzt worden sind; je nach der Beschaffenheit der verbotenen Zusätze können derartige Weine auch gesundheitsschädlich sein.

Weine, die bei Abgabe an den Verbraucher mehr als 100 mg freie schweflige Säure (SO_2) und mehr als 350 mg gebundene schweflige Säure enthalten, wobei eine Überschreitung dieser Grenzzahlen bis zu 10% unberücksichtigt bleibt, sind als gesundheitsschädlich zu beanstanden.

Weißweine, die mehr als 1,30 g, Schillerweine, die mehr als 1,40 g und Rotweine, die mehr als 1,60 g flüchtige Säuren im Liter enthalten (nach Abzug der auf Essigsäure umgerechneten, eventuell mitdestillierten schwefligen Säure), neigen zum Essigstich. Als verdorben im Sinne des Lebensmittelgesetzes sind essigstichige Weine aber erst dann anzusehen, wenn der Essigstich diese Grenzzahlen überschreitet und die Sinnenprüfung den Zustand des Verdorbenseins deutlich erkennen läßt.

Bei der Feststellung des Verdorbenseins eines Weines sei allgemein darauf hingewiesen, daß bei Abweichung eines Weines von der normalen Beschaffenheit, insoferne diese Abweichung von Krankheiten oder Fehlern des Weines herrührt, der Grad der vorhandenen Mängel fallweise festgestellt werden muß, denn ihr Vorhandensein bedingt an sich noch keineswegs das Verdorbensein. Voraussetzung für letzteres ist vielmehr, daß der an den Verbraucher abgegebene Wein infolge der vorhandenen Mängel nicht genußfähig ist. In manchen Fällen können aber verdorbene Weine durch erlaubte Verfahrensarten wieder zum unmittelbaren Genuß verwendbar gemacht werden.

Malzwein, künstlicher Wein, Mostsubstanzen und Weine, die einem Konzentrierungsverfahren unter Anwendung künstlicher Wärme oder Kälte unterzogen worden sind, dürfen nach dem „Weingesetze 1929" nicht in den Verkehr gesetzt werden.

Zur Entscheidung der Frage, ob ein Wein von einer bestimmten Traubensorte oder Lage oder von einem bestimmten Jahrgang stammt, sind die bei der Untersuchung erhaltenen Zahlen mit jenen zu vergleichen, die bezüglich unzweifelhaft echter, unter völlig gleichen Verhältnissen gewonnener Naturweine derselben Traubensorten und Lagen und desselben Jahrganges bereits vorliegen.

Gemäß § 23 des „Weingesetzes 1929" kann mit Verordnung angeordnet werden, daß im geschäftlichen Verkehr mit Wein und Traubenmost bestimmte inländische geographische Bezeichnungen nur zur Kennzeichnung der Herkunft von Wein und Traubenmost aus Trauben, die in der betreffenden Örtlichkeit gewachsen sind, gebraucht werden dürfen, wobei die Grenzen dieser Örtlichkeiten und die geographischen Bezeichnungen zu ihrer Benennung festgesetzt werden.

Werden Weine und Traubenmoste mit einer geographischen Bezeichnung gekennzeichnet, so darf der Zusatz „Gewächs" oder ein ihm gleichbedeutender Zusatz nur dann beigefügt werden, wenn das Lesegut in der betreffenden Örtlichkeit gewachsen ist. Auch darf ein Verschnitt von Weinen oder Traubenmosten mit einer durch Verordnung festgesetzten geographischen Bezeichnung nur dann bezeichnet werden, wenn der Gebrauch dieser Bezeichnung für alle Anteile des Verschnittes zulässig ist. Verschnitte, für die eine durch Verordnung festgesetzte geographische Bezeichnung nicht gebraucht werden darf, dürfen, wenn sie eine andere geographische Bezeichnung tragen, nicht mit dem Zusatz „Gewächs" oder einem ihm gleichbedeutenden Zusatze versehen werden. Das Ersetzen des normalen Abganges (Schwundes) ist nicht als Verschneiden anzusehen.

Zur Bezeichnung von Weinen und Traubenmosten, die ausschließlich oder vorwiegend aus ausländischem Lesegut erzeugt sind, dürfen im inländischen geschäftlichen Verkehr keine österreichischen geographischen Bezeichnungen gebraucht werden.

Übertretungen dieser Bezeichnungsvorschriften sind im Sinne der Bestimmungen des § 30 des „Weingesetzes 1929" zu beanstanden.

Für die Bezeichnung ausländischer Weine gelten die durch zwischenstaatliche Vereinbarungen über Herkunftsbezeichnungen von Weinen erlassenen Bestimmungen.

Aus Trauben der Direktträgerreben hergestellte Weine (Hybridenweine) und Traubenmoste sowie Verschnitte mit solchen müssen im geschäftlichen Verkehr mit der Bezeichnung „Hybridenwein" oder „Direktträgerwein" versehen sein. Diese Bezeichnung muß neben allfälligen anderen Bezeichnungen deutlich hervortreten.

Werden Direktträgerweine oder Verschnitte mit solchen im geschäftlichen Verkehr nicht in der gesetzlich vorgeschriebenen Weise bezeichnet, so sind sie wegen Nichtbeachtung der Bezeichnungsvorschrift des § 23, d, nach § 30 des „Weingesetzes 1929" zu beanstanden. Ist ihnen aber eine Bezeichnung beigelegt worden, die sich als falsche Bezeichnung im Sinne des Lebensmittelgesetzes darstellt, so ist ihre Beanstandung auch darauf auszudehnen.

B. Süß- oder Dessertweine

1. Zur Entscheidung der Frage, ob ein Süßwein als Natur- oder Originalsüßwein (Ausbruchwein) oder mit einem ähnlichen Ausdruck bezeichnet werden kann, ist es nötig, die Resultate seiner Untersuchung mit jenen zu vergleichen, die bezüglich unzweifelhaft echter Natur- oder Originalsüßweine der gleichen Herkunft bekannt sind.

Süßweinen, die einen Zusatz von Alkohol, Zucker, Rosinen oder Korinthen erhalten haben, darf der Name eines Natur- oder Originalsüßweines (Ausbruchweines) oder eine Bezeichnung, die geeignet ist, die Annahme hervorzurufen, daß sie einen solchen Zusatz nicht erhalten haben, nicht beigelegt werden.

2. Trockenbeer-Süßweine oder Trockenbeer-Dessertweine zeigen einen ihrem Extraktgehalte entsprechenden hohen Gehalt an zuckerfreiem Extrakt, Asche und Phosphorsäure. Sie sollen bei einem Zuckergehalte von 200 g im Liter nicht weniger als 30 g zuckerfreien Extrakt und nicht weniger als 0,5 g Phosphorsäure im Liter enthalten.

3. Likör- und Süßweine müssen bezüglich ihres Gehaltes an zuckerfreiem Extrakt und Asche erkennen lassen, daß bei ihrer Bereitung ein normaler Wein verwendet wurde und unerlaubte Zusätze nicht stattgefunden haben; andernfalls sind sie als verfälscht zu erklären. Bei der Beurteilung ist auf die durch erlaubte Zusätze erfolgte Streckung Rücksicht zu nehmen.

4. Süßweine, die mehr als 2 g flüchtige Säuren im Liter enthalten, sind entweder mit Zuhilfenahme essigstichiger Weine bereitet oder nach ihrer Bereitung stichig geworden. Bezüglich des Verdorbenseins gilt dasselbe wie für nichtsüße Weine.

5. Bezüglich des Gehaltes an schwefliger Säure, Schwefelsäure und Kochsalz sind für die Süßweine dieselben Normen maßgebend wie für nichtsüße Weine.

6. Mit Ausnahme von Rosinen und Korinthen oder anderen getrockneten Trauben sowie von Traubenmost, dessen Gärung durch Alkoholzusatz gehemmt wurde (Mistella), und unter Umständen von Zucker und Alkohol sind alle übrigen bei der Bereitung gewöhnlicher nichtsüßer Weine verbotenen Zusätze auch bei der Erzeugung von Süß-

weinen nicht gestattet. Insbesonders ist auch die Verwendung von konzentrierten Mosten verboten. Süßweine, die dieser Norm nicht entsprechen, sind, je nach Art des Zusatzes, gesundheitsschädlich oder verfälscht. Bei der Beurteilung ist auf die durch erlaubte Zusätze erfolgte Streckung Rücksicht zu nehmen.

7. Den Schutz der Herkunftsbezeichnung genießen alle jene ausländischen Süß- oder Dessertweine, deren Benennung durch zwischenstaatliche Vereinbarungen oder durch Verordnungen geschützt ist.

8. Ist ein Süßwein nicht als Süßwein gekennzeichnet, so ist dies im Sinne der Bestimmungen des § 30 des „Weingesetzes 1929" zu beanstanden.

C. Aromatisierte und gewürzte Weine (Wermutweine, Bitterweine)

1. Bei der Erzeugung von aromatisierten oder gewürzten Weinen dürfen Zusätze von Drogen und chemischen Präparaten, deren Verkauf den Apotheken vorbehalten ist, nicht verwendet werden.

2. Bezüglich des Gehaltes der aromatisierten und gewürzten Weine an zuckerfreiem Extrakt und Asche müssen diese Weine erkennen lassen, daß zu ihrer Bereitung ein dem Weingesetze entsprechender Wein verwendet wurde. Bei der Beurteilung ist auf die durch erlaubte Zusätze erfolgte Streckung Rücksicht zu nehmen.

3. Bezüglich des Alkoholzusatzes und des Gehaltes an flüchtigen Säuren, schwefliger Säure, Schwefelsäure und Kochsalz, ferner hinsichtlich der bei ihrer Bereitung verbotenen Zusätze gilt dasselbe wie für Süßweine.

4. Da die aromatisierten und gewürzten Weine nicht Naturprodukte, sondern zubereitete Weine sind, ist der Gebrauch der Worte „Natur" oder „Original" in Verbindung mit der Qualitätsbezeichnung (z. B. Naturwermutwein, Originalbitterwein u. dgl.) als falsche Bezeichnung anzusehen.

Aromatisierte und gewürzte Weine, zu welchen auch der Traubenwermutwein, kurzweg „Wermut"[1]) genannt, gehört, werden hergestellt durch Aromatisieren von Wein oder Süßwein mit den zur beabsichtigten Geschmackswirkung erforderlichen gesundheitsunschädlichen Zusätzen oder es werden mit 95-prozentigem Alkohol aus den erforderlichen Stoffen Auszüge oder Destillate, z. B. Wermutessenzen, erzeugt und diese dann dem Weine oder Süßweine zugesetzt. Ausgenommen sind Zusätze jener Drogen und chemischen Präparate, deren Verkauf den Apotheken vorbehalten ist.

Auszüge oder Destillate, die statt mit 95-prozentigem Alkohol mit verdünntem Sprit hergestellt worden sind, können wegen ihres Wasser-

---

[1]) Obstwermutwein darf nicht kurzweg als „Wermut" oder „Wermutwein" bezeichnet werden.

gehaltes nicht zur Bereitung von aromatisierten oder gewürzten Weinen, sondern nur zur Herstellung von Spirituosen verwendet werden. Wird derartigen Spirituosen Wein beigemengt, so entstehen, wenn sie im Charakter aromatisierten oder gewürzten Weinen ähnlich sind, weinhaltige Getränke, es sei denn, daß ihr Alkoholgehalt mehr als 22,5 Volumprozent beträgt, in welchem Falle sie nicht mehr den Bestimmungen des Weingesetzes unterliegen.

Ist ein aromatisierter oder gewürzter Wein nicht als solcher gekennzeichnet, so ist dies im Sinne der Bestimmungen des § 30 des „Weingesetzes 1929" zu beanstanden.

D. Schaumweine

1. Für die Beurteilung auf Grund der durch die Analyse festgestellten Zusammensetzung muß der von Kohlensäure befreite Schaumwein erkennen lassen, daß zu seiner Herstellung ein den gesetzlichen Anforderungen entsprechender Wein verwendet wurde.

2. Ein Zusatz von Bukettstoffen zu diesen Weinen ist nicht zu beanstanden.

3. Schaumweine, deren Gehalt an Kohlensäure nicht ausschließlich durch Flaschengärung entstanden ist, sondern ganz oder zum Teil auf einem künstlichen Zusatz beruht, sind im Sinne der Bestimmungen des § 30 des „Weingesetzes 1929" zu beanstanden, wenn dieser Umstand in der Bezeichnung nicht hervorgehoben ist, und wegen Übertretung der Bezeichnungsvorschrift des § 27, Abs. 4 des Weingesetzes zu beanstanden, wenn sie nicht den Bestimmungen dieser Gesetzesstelle entsprechend gekennzeichnet sind (§ 30 Weingesetz).

5. Regelung des Verkehres

A. Produktion. Bei der Weinbereitung soll vor allem die größte Reinlichkeit herrschen. Sämtliche Behälter und Gerätschaften, mit denen der Most beim Pressen und bei der Gärung und diejenigen, mit denen der Wein bei der Kellerbehandlung, beim Transport und bei der Abgabe an die Konsumenten in Berührung kommt, müssen vorher einer gründlichen Reinigung unterzogen werden. Auch der Boden des Gärraumes und des Lagerkellers ist reinzuhalten. Durch entsprechende Ventilation gelingt es in der Regel, die Schimmelbildung an den Wänden und Fässern hintanzuhalten und eine etwaige Pilzwucherung zu beseitigen.

B. Transport. Zur Verhinderung einer Nachgärung oder Trübung während des Transportes kann der Wein unmittelbar vor dem Transporte in geschwefelte Fässer gefüllt werden. Beim Transport müssen die Fässer mit den gesetzlich vorgeschriebenen Kennzeichen (s. S. 2) versehen sein.

C. Lagerung. Zur Verbesserung der Lagerfähigkeit des Weines

ist außer dem Pasteurisieren das Schwefeln des Weines gestattet. Um das Faß spundvoll zu erhalten, ist zum Nachfüllen, wenn möglich, die gleiche Weinsorte zu verwenden, die sich bereits im Fasse befindet. Sollte dies nicht möglich sein, so muß jedenfalls ein den gesetzlichen Vorschriften entsprechender Wein dazu genommen werden. Das Nachfüllen mit Wasser oder mit weinhaltigen, weinähnlichen oder verfälschten Getränken ist unbedingt verboten. Das Auffüllen mit Steinen ist nicht zu empfehlen, insbesonders sind Kalksteine hiezu gänzlich ungeeignet. Der in warmen Räumen (Stehweinhallen) lagernde Wein bedarf einer besonders sorgfältigen Behandlung, wenn man ihn vor dem Verderben schützen will.

D. Abgabe an die Verbraucher. Der an die Verbraucher abzugebende Wein soll möglichst klar sein. Überschwefelte Weine müssen vor der Abgabe an die Verbraucher durch längeres Lagern im Fasse, durch Lüften oder Verschneiden von einem Überschusse an schwefliger Säure so weit befreit sein, daß die Menge der letzteren den gesetzlichen Vorschriften entspricht. Kranke oder verdorbene und mit Geruchs- und Geschmacksfehlern behaftete Weine dürfen in diesem Zustande nicht an den direkten Verbraucher abgegeben werden.

Zur Lagerung und zum Transporte von Wein sind im allgemeinen nur tadellos rein gehaltene Fässer oder Ständer, ferner Gefäße mit Glas- oder Emailwandungen zulässig. Metallteile, besonders Eisenteile, die mit dem Weine in Berührung kommen können, sollen, wenn möglich, mit Holz verkleidet oder in anderer geeigneter Weise von dem Weine abgeschlossen werden. Der Verschluß von Flaschen hat mit Korkstopfen, Patentverschlüssen und Kautschukdichtungen, Aluminiumplättchen oder anderen gegen Wein indifferenten Stoffen zu erfolgen. Beim Verschluß der Transportfässer darf zur Dichtung der Holzspunde nur neues, reines Dichtungsmaterial (Leinen, Baumwolle oder Binderrohr) verwendet werden. Die Verwendung von Bleischrot zum Reinigen der Flaschen ist verboten (S. 2). Das Umfüllen von Wein ist mit Hilfe von blei- und zinkfreien Kautschukschläuchen, verzinnten Kupferrohren, dann von verzinnten oder emaillierten Eisenrohren zulässig.

6. Verwertung beanstandeter Weine

Verdorbene und verfälschte Weine, sowie weinhaltige und weinähnliche Getränke, können in einer den Vorschriften des Weingesetzes nicht zuwiderlaufenden Weise verwertet werden. Erfolgte eine Beanstandung wegen Gesundheitsschädlichkeit, so sind die Waren, wofern eine sanitär unbedenkliche und den Vorschriften des Weingesetzes nicht zuwiderlaufende Verwertung nicht möglich ist, zu vernichten.

Experten: Prof. Ing. *Mathias Arthold*, *W. Bergel* (i. Fa. Etti u. Bergel), Ökonomierat *Franz Biegler*, Min.-Rat Dr. *Artur Bretschneider*, Reg.-Rat Dr. *R. Haid*, Ökonomierat *Leopold Hengl*, Prof. Dr. *H. Kaserer*, Kom.-Rat *Johann N. Kattus*, Kom.-Rat *Emmerich Kauders*, Kom.-Rat *Theodor Keidl*, Prof. Ing. *L. Kloß*, Hofrat *Paul Köller* (Zentraldirektion der Bundesapotheken), Hofrat *Josef Löschnig*, Kom.-Rat *Franz Markl*, *Leopold Partik*, Ld. Kam.-Rat *Johann Roegner*, *Felix Roller*, Mistelbach, *Robert Schlumberger*, Weinbauinspektor Ing. *Franz Schneider*, Prof. Ing. *L. Stefl*, Nationalrat *Josef Teufl*, Nationalrat *Franz Zehetmayer*, Oberwinzer *Ludwig Zöch*.

XLI.

Obstwein

Referent: Hofrat Ing. *August Füger*
(Landw.-chemische Bundes-Versuchsanstalt, Wien)

Die auf den Verkehr mit Obstwein bezughabenden Rechtsnormen sind bereits bei „Traubenmost", Heft XXXIX, S. 1 ff., angeführt.

1. Beschreibung

Obstweine sind durch begonnene oder vollendete alkoholische Gärung des Saftes oder der Maische von frischem Kern-, Stein- oder Beerenobst (mit Ausnahme der Trauben) hergestellte Getränke, welchen auch ohne besondere Bewilligung und ohne Kennzeichnung dieses Umstandes gesetzlich beschränkte Mengen Wasser und Zucker (s. S. 48) zugesetzt werden dürfen. Weintrauben gehören im Sinne des „Weingesetzes 1929" nicht zum Beerenobst. Der Begriff Apfelmost und Birnmost kann sowohl den frisch gepreßten Saft wie auch den Obstwein bezeichnen.

Nach dem Weingesetze fallen aber, soweit nichts anderes ausdrücklich bestimmt ist, nicht unter den Begriff Obstwein oder Obstmost alle aus Kern-, Stein- oder Beerenobst gewonnenen, vergorenen oder unvergorenen, nicht unmittelbar genießbaren Fruchtsäfte (Rohsäfte, Muttersäfte, Sukkus), sowie die aus anderen Früchten als Kern-, Stein- oder Beerenobst gewonnenen Fruchtsäfte, ebenso wie die mit Zucker verkochten Fruchtsäfte (Fruchtsirupe) und endlich die Geliersäfte.

Ebensowenig unterliegen den Bestimmungen des Weingesetzes alle aus Fruchtsäften, deren Gärung durch Pasteurisieren oder auf andere Weise gehemmt ist, hergestellten Getränke, soferne sie nicht mehr als 0,5 Volumprozent Alkohol enthalten (sogenannte alkoholfreie Fruchtsäfte).

Wie beim Traubenwein unterscheidet man auch beim Obstwein noch Obstsüßweine, aromatisierte oder gewürzte Obstweine und Obstschaumweine.

Obstsüßweine, welche auch aus getrocknetem Obst hergestellt werden dürfen und welchen bei der Erzeugung auch Alkohol und Zucker zugesetzt werden kann, müssen als fertiges Getränk in 100 Raumteilen einschließlich des auf Alkohol umgerechneten, etwa noch vorhandenen Zuckers mehr als 12, dürfen aber nicht mehr als 22,5 Raumteile Alkohol enthalten. Der Gehalt an Alkohol, umgerechnet auf Zucker, muß zusammen mit dem vorhandenen Zucker einem Gehalt von mindestens 260 g Zucker im Liter entsprechen, wovon wenigstens 20 g Zucker als solcher vorhanden sein muß.

Für aromatisierte oder gewürzte Obstweine wie für Obstschaumweine gelten hinsichtlich ihrer Herstellung die gleichen gesetzlichen Bestimmungen wie für derartige Traubenweine, unter Berücksichtigung der für Obstweine vorgesehenen Sonderbestimmungen über den Zusatz von Säuren, Salzen, Wasser und Zucker.

Bezüglich der Bezeichnung der einzelnen Obstweine schreibt das „Weingesetz 1929" folgendes vor:

1. Aus Äpfeln, Birnen oder einem Gemenge dieser beiden Obstarten hergestellter Obstwein muß im geschäftlichen Verkehr als Obstmost oder Obstwein oder je nach der zur Erzeugung verwendeten Obstart als Apfel-, Birnen- oder Mischlingsmost oder als Apfel- oder Birnenwein oder Mischlingsobstwein bezeichnet werden;

2. Ein auf die Reinheit deutender Zusatz, wie z. B. „Rein", „Natur", „Original" u. dgl., darf in die Bezeichnung eines aus Äpfeln, Birnen oder einem Gemenge dieser beiden Obstarten hergestellten Obstweines nur aufgenommen werden, wenn er aus ungestreckter Maische oder ungestrecktem Saft erzeugt ist und keinen Wasser- oder Zuckerzusatz enthält;

3. Aus Stein- oder Beerenobst erzeugter Obstwein muß im geschäftlichen Verkehr mit einer Bezeichnung versehen werden, die aus einer Zusammensetzung der Worte „Wein" oder „Most" mit der Bezeichnung der zur Erzeugung verwendeten Obstgattung oder Obstart besteht;

4. Obstsüßwein und aromatisierter oder gewürzter Obstwein muß im geschäftlichen Verkehr mit einer Bezeichnung versehen werden, die seine Beschaffenheit als Obstsüßwein oder aromatisierter oder gewürzter Obstwein sofort erkennen läßt. Eine in der Bezeichnung enthaltene Angabe über die zur Erzeugung verwendete Obstgattung oder Obstart muß richtig sein;

5. Obstschaumweine müssen entweder als „Fruchtschaumwein" oder „Obstschaumwein" oder mit einer Verbindung des Wortes „Schaumwein" mit der Bezeichnung der zur Erzeugung verwendeten Obstgattung oder Obstart (z. B. Beerenschaumwein oder Apfelschaumwein) bezeichnet werden. Eine in der Bezeichnung enthaltene Angabe über die zur Erzeugung verwendete Obstgattung oder Obstart muß richtig sein. Die den Obstschaumwein als solchen charakterisierende Bezeichnung muß sowohl auf der Flasche als auch im Korkbrand angebracht werden.

Obstschaumwein, dessen Gehalt an Kohlensäure nicht ausschließlich durch Flaschengärung entstanden ist, sondern ganz oder zum Teil auf einem künstlichen Zusatz beruht, ist im geschäftlichen Verkehr in deutlicher und ungekürzter Weise durch die Worte „mit Kohlensäure versetzter Obstschaumwein" zu kennzeichnen. Diese Worte sind auf jeder Flasche mit deutlich lesbarer Schrift im mittleren Teil des Flaschenschildes anzubringen;

6. Bei Obstweinen aller Art, die aus ausländischem Lesegut erzeugt sind und in geschlossenen Flaschen in Österreich in Verkehr gesetzt werden, muß, wenn sie eine auf die ausländische Herkunft hinweisende Bezeichnung tragen und nicht schon im Ursprungslande des Obstes in Flaschen abgefüllt worden sind, der Staat angegeben werden, in dem sie in Flaschen abgefüllt wurden. Diese Angabe muß durch Anführung des Staates in Verbindung mit den Worten „in Flaschen abgefüllt" gemacht werden (z. B. „in Österreich in Flaschen abgefüllt"). Diese Worte müssen ungekürzt, mit deutlich lesbarer, unverwischbarer Schrift auf dem Flaschenschild oder auf einem bandförmigen Streifen aufgedruckt sein, der an einer in die Augen fallenden Stelle der Flasche dauerhaft befestigt ist.

Die Bestandteile der Obstweine im allgemeinen sind folgende: Wasser, Alkohol, Trauben- und Fruchtzucker, Saccharose, Sorbit, Äpfelsäure, Zitronensäure (in vielen Beerenweinen), Milchsäure, Bernsteinsäure, Salze dieser Säuren, Gerbsäure, Benzoesäure (im Preiselbeerwein), Glyzerin, Gummi, Pektinstoffe, stickstoffhaltige Stoffe, Mineralstoffe (dieselben wie im Traubenwein), Farbstoffe, höhere Alkohole, Aldehyde, Ester.

Hinsichtlich der Frage, was man unter normalen, anormalen und fehlerhaften Obstweinen zu verstehen hat, gelten die bei „Wein", Heft XL, S. 18, gegebenen Normen.

Die erlaubten Verfahrensarten und Zusätze sind im allgemeinen die gleichen wie bei Wein, jedoch mit folgenden Abänderungen. Gestattet ist:

1. Das Zusetzen von Zitronensäure, Chlorammonium und phosphorsaurem Ammonium (die bei Wein erlaubte Weinsäure darf aber hier nicht zugesetzt werden);

2. Das Strecken (Aufnehmenlassen) der Maische und das Strecken des Saftes durch einen Wasserzusatz in dem Maße, daß der gesamte zuckerfreie Extrakt des fertigen Getränkes mindestens 14 g in einem Liter und sein Alkoholgehalt einschließlich des auf Alkohol umgerechneten, etwa noch vorhandenen Zuckers in 100 Raumteilen mindestens 3 Raumteile beträgt;

3. Das Zuckern. Bei aus Äpfeln, Birnen oder einem Gemenge dieser beiden Obstarten erzeugtem Obstwein in dem Maße, daß das fertige Getränk in 100 Raumteilen, einschließlich des auf Alkohol umgerechneten, etwa noch vorhandenen Zuckers nicht mehr als 8 Raumteile Alkohol enthält. Bei Beeren- und Steinobstwein in dem Maße, daß das fertige Getränk in 100 Raumteilen einschließlich des auf

Alkohol umgerechneten, etwa noch vorhandenen Zuckers nicht mehr als 12 Raumteile Alkohol enthält. Zum Zuckern darf in allen Fällen nur technisch reiner Rohr- oder Rübenzucker (Konsumzucker) verwendet werden;

4. Das Auffärben eines von Natur aus roten Beeren- oder Steinobstweines mit frischen Trestern oder dem Saft der gleichen Obstgattung;

5. Das Verschneiden von Obstwein, der aus Äpfeln, Birnen oder einem Gemenge dieser beiden Obstarten erzeugt wurde, mit Obstwein dieser Art; das Verschneiden von Steinobstwein mit Steinobstwein; das Verschneiden von Beerenwein mit Beerenwein.

Das beim Traubenwein erlaubte Entsäuern mit reinem, gefälltem, kohlensaurem Kalk ist bei Obstwein nicht gestattet.

Als unstatthaft ist besonders der Zusatz folgender Stoffe anzusehen: Frische oder getrocknete Weintrauben (Rosinen oder Korinthen) oder die aus denselben herstammenden Erzeugnisse (mit Ausnahme der Destillate), Johannisbrot, Feigen, Tamarinden, Cassia fistula und ähnliche Produkte, Weinsäure, Weinstein, Glyzerin, Stärkezucker, künstliche Süßstoffe, unreiner Sprit, Gummi und ähnliche, bloß zur Erhöhung des Extraktgehaltes dienende Substanzen, Bukettstoffe (ausgenommen bei aromatisierten Obstweinen und Obstschaumweinen), Essenzen, Teerfarbstoffe, Rückstände der Erzeugung von Weinbrand und von anderen gebrannten geistigen Flüssigkeiten, nicht erlaubte Säuren, lösliche Aluminiumsalze (Alaun u. dgl.), Kochsalz und andere lediglich eine Erhöhung des Aschengehaltes bewirkende Stoffe, Baryum-, Strontium- und Magnesiumverbindungen, Gips, Borsäure, Borax, Benzoesäure, Salizylsäure, Ameisensäure, Formaldehyd, lösliche Fluorverbindungen und andere Konservierungsmittel mit Ausnahme der gestatteten Mengen an schwefliger Säure. Durch den Gebrauch schlecht glasierter Gefäße, von Bleiröhren u. dgl. gelangen mitunter gesundheitlich bedenkliche Mengen von Blei und anderen Schwermetallen in den Obstwein.

Für die Feststellung verdorbener Obstweine gelten dieselben Grundsätze wie bei „Wein", Heft XL, S. 39.

2. Probeentnahme

Auch hiefür gelten die gleichen Grundsätze wie bei „Wein", Heft XL, S. 22.

3. Untersuchung

Bei der Untersuchung eines Obstweines sind im allgemeinen dieselben Bestandteile zu bestimmen wie bei der Untersuchung von Wein, und es gelten daher die bei „Traubenmost", Heft XXXIX, S. 6, und bei „Wein", Heft XL, S. 23, angegebenen Methoden der Untersuchung ebenfalls für Obstweine. Besonders ist auf die Gegenwart von Blei und anderen Schwermetallen zu achten.

4. Beurteilung

Für die Beurteilung der Obstweine gelten vor allem die im „Weingesetz 1929" gegebenen Grenzzahlen.

Verfälscht sind insbesonders:

1. Obstweine mit weniger als 14 g zuckerfreiem Extrakt im Liter;
2. Obstweine mit weniger als 3 Volumprozenten Alkohol, wobei der vorhandene Zucker, auf Alkohol umgerechnet, dem tatsächlich vorhandenen Alkoholgehalt zuzurechnen ist;
3. Obstweine, die mit Traubenwein oder sonstwie in nicht erlaubter Weise verschnitten wurden;
4. Obstweine, die nicht erlaubte fremde Zusätze erhalten haben;
5. Aufgezuckerte Apfel-, Birnen- oder Mischlingsobstweine, wenn ihr Alkoholgehalt einschließlich des auf Alkohol umgerechneten, noch vorhandenen Zuckers mehr als 8 Volumprozente beträgt, ohne daß ihr Alkohol- und Zuckergehalt den für Obstsüßwein geltenden Bestimmungen entspräche;
6. Aufgezuckerte Beeren- und Steinobstweine, wenn ihr Alkoholgehalt einschließlich des auf Alkohol umgerechneten, noch vorhandenen Zuckers mehr als 12 Volumprozente beträgt, ohne daß ihr Alkohol- und Zuckergehalt den für Obstsüßwein geltenden Bestimmungen entspräche.

Gesundheitsschädlich sind Obstweine, die lösliche Aluminiumsalze, Blei- oder Baryumsalze, Borsäure, Borax, Salizylsäure, Ameisensäure, Formaldehyd, lösliche Fluorverbindungen und andere Konservierungsmittel (außer den gesetzlich gestatteten Mengen von schwefliger Säure) u. dgl. enthalten. Eine unter Umständen gesundheitsschädliche Verfälschung stellt der Zusatz von unreinem Sprit, Bukettstoffen, Essenzen und Teerfarbstoffen dar.

Apfel- und Birnenwein, der mehr als 3 g flüchtige Säuren im Liter (nach Abzug der schwefligen Säure) enthält, ist als verdorben zu beurteilen.

Aus Mostsubstanzen erzeugte Getränke kann der Gutachter als obstweinähnliche, bzw. wenn sie Weinsäure enthalten, als weinähnliche Getränke bezeichnen. Mischungen von Obstweinen mit Traubenmost oder Traubenwein, dann Obstweine, die unter Zuhilfenahme frischer oder getrockneter Weintrauben oder daraus bereiteter Erzeugnisse, einschließlich der Rückstände der Weinbranderzeugung, oder von Weinsäure als solcher oder in Form von Weinstein hergestellt wurden, stellen je nach ihrer Beschaffenheit obstweinähnliche oder obstweinhaltige bzw. weinähnliche oder weinhaltige Getränke dar.

Falsch bezeichnet sind Obstweine, wenn die deklarierte Fruchtgattung nicht der Wahrheit entspricht oder wenn ein als „echt",

„Natur", „Rein", „Original" u. dgl. bezeichneter Apfel-, Birnen- oder Mischlingsobstwein einen Wasser- oder Zuckerzusatz erhalten hat.

5. Regelung des Verkehres

Hier gelten dieselben Grundsätze wie bei „Wein", Heft XL, S. 43; besondere Beachtung ist der Verwendung von sanitär einwandfreien Geschirren, Röhren u. dgl. zu schenken.

Keller und andere Räumlichkeiten, in denen Obstwein zum Zwecke des Verkaufes hergestellt, abgefüllt oder sonst aufbewahrt wird, dürfen nicht gleichzeitig zur Herstellung von Traubenmost, Wein oder solchen Getränken, die nach dem „Weingesetz 1929" nicht in den Verkehr gesetzt werden dürfen, oder für gebrannte geistige Flüssigkeiten verwendet werden.

Wenn jedoch getrennte Räumlichkeiten nicht zur Verfügung stehen und die Gesamtlagermenge 200 Hektoliter nicht übersteigt, so dürfen die obgenannten Getränke auch in demselben Raume hergestellt, abgefüllt oder sonst aufbewahrt werden. In diesem Falle müssen aber die Fässer und ähnlichen Aufbewahrungsgefäße an einer in die Augen fallenden Stelle mit einem deutlichen, nicht verwischbaren Kennzeichen versehen sein, das den Inhalt genau erkennen läßt. Auch dürfen Fässer und ähnliche Aufbewahrungsgefäße, die Getränke verschiedener Art enthalten, nicht gemischt gelagert werden.

Beim Versand müssen die Fässer mit den gesetzlich vorgeschriebenen Kennzeichen versehen sein.

6. Verwertung beanstandeter Obstweine

Erfolgt die Beanstandung wegen Gesundheitsschädlichkeit, so sind die derart beanstandeten Getränke, wenn sie nicht wieder genußfähig gemacht oder technisch verwertet werden können, zu vernichten. Verdorbene oder verfälschte Obstweine können in einer den Vorschriften des Weingesetzes nicht zuwiderlaufenden Weise verwertet werden. Ist dies nicht möglich, so sind sie zu vernichten. Falsch bezeichnete Waren dieser Gruppe sind unter richtiger Bezeichnung im Verkehr zu belassen.

Experten: Kom.-Rat *Karl Felloecker*, Linz, Prof. Dr. *H. Kaserer*, Nährmittelwerke *Lichtenegg* bei Wels, Hofrat *Josef Löschnig, Josef Preißecker*, Kritzendorf, Prof. Ing. *L. Stefl*, Ver. *Mautner*sche Preßhefefabriken, Wien XI.

Manzsche Buchdruckerei, Wien IX

Verlag von Julius Springer in Wien

Das österreichische Lebensmittelbuch
Codex alimentarius austriacus

II. Auflage

Herausgegeben vom Bundesministerium für soziale Verwaltung, Volksgesundheitsamt, im Einvernehmen mit der Kommission zur Herausgabe des Codex alimentarius austriacus

Bisher erschienen:

I. Heft: **Teigwaren.** 10 Seiten. 1926	RM —.70
II. Heft: **Kaffeezusatz und Kaffeersatz.** 10 Seiten. 1926	RM —.60
III. Heft: **Kau- und Schnupftabak.** 10 Seiten. 1927	RM —.70
IV.—VI. Heft: **Brot und Backwaren, Backpulver, Sauerteig.** 14 Seiten. 1927	RM —.95
VII. Heft: **Petroleum.** 6 Seiten. 1927	RM —.45
VIII. Heft: **Bier.** 24 Seiten. 1927	RM 1.75
IX.—X. Heft: **Tee, Mate.** 16 Seiten. 1927	RM 1.15
XI.—XII. Heft: **Speisefette** einschließlich Margarine und Margarineschmalz, **Speiseöle.** 63 Seiten. 1927	RM 4.55
XIII. Heft: **Kosmetische Mittel.** 50 Seiten. 1929	RM 3.60
XIV.—XVII. Heft: **Honig und Honigsurrogate, Marmeladen und verwandte Erzeugnisse, Fruchtsäfte, Dörrobst.** 79 Seiten. 1929	RM 5.70
XVIII.—XIX. Heft: **Eier und Eikonserven, Butter.** 44 Seiten. 1931	RM 3.10
XX.—XXIV. Heft: **Gewürze, Die gewöhnlichen eßbaren Pilze oder „Schwämme", Eingelegte eßbare Pilze oder „Schwämme", Frische Gemüse, Dörrgemüse (Trockengemüse).** 170 Seiten. 1931	RM 12.—
XXV.—XXVII. Heft: **Kaffee, Kakao und Kakaoerzeugnisse, Konditorwaren und Zuckerwaren.** 53 S. 1931.	RM 3.80
XXVIII.—XXXII. Heft: **Kochsalz, Fleischextrakte und ähnliche Präparate, Fische, Lurche und Kriechtiere, Krustentiere und Weichtiere.** 154 Seiten. 1932	RM 11.—
XXXIII.—XXXV. Heft: **Spirituosen, Essig, Zuckerarten und deren Ersatzstoffe.** 98 Seiten. 1932	RM 6.90
XXXVI.—XXXVIII. Heft: **Mehl- und Mahlprodukte, Hefe.** 36 Seiten. 1932	RM 2.50
XXXIX.—XLI. Heft: **Traubenmost, Wein, Obstwein.** 51 Seiten. 1933	RM 3.60
XLII.—XLIII. Heft: **Käse, Margarinkäse.** 47 Seiten. 1933	RM 3.30

Vor kurzem erschien:

I. Nachtrag (Oktober 1932) mit Ergänzungen und Nachträgen zu den Heften I, II, XI und XII, XIII, XIV bis XVI, XX, XXV, XXIX .. RM —.60

Für den Verkauf innerhalb Österreichs gelten Schillingpreise in der Umrechnung von zurzeit M 1.— gleich S 1.80 (einschl. Warenumsatzsteuer).

GPSR Compliance

The European Union's (EU) General Product Safety Regulation (GPSR) is a set of rules that requires consumer products to be safe and our obligations to ensure this.

If you have any concerns about our products, you can contact us on

ProductSafety@springernature.com

In case Publisher is established outside the EU, the EU authorized representative is:

Springer Nature Customer Service Center GmbH
Europaplatz 3
69115 Heidelberg, Germany

www.ingramcontent.com/pod-product-compliance
Lightning Source LLC
Chambersburg PA
CBHW071721100426

42873CB00016B/369